政协委员读书笔记

制胜
科技和人才强国

尚　勇　编著

中国科学技术出版社
·北　京·

图书在版编目（CIP）数据

制胜科技和人才强国 / 尚勇编著 . -- 北京：中国科学技术出版社，2022.10（2023.3 重印）

ISBN 978-7-5046-9629-8

Ⅰ. ①制… Ⅱ. ①尚… Ⅲ. ①技术人才 – 发展战略 – 研究 – 中国 Ⅳ. ① G316

中国版本图书馆 CIP 数据核字（2022）第 192395 号

责任编辑	符晓静　李　洁　齐　放
封面设计	沈　琳
正文设计	中文天地
责任校对	焦　宁　邓雪梅　张晓莉
责任印制	徐　飞

出　　版	中国科学技术出版社
发　　行	中国科学技术出版社有限公司发行部
地　　址	北京市海淀区中关村南大街 16 号
邮　　编	100081
发行电话	010-62173865
传　　真	010-62173081
网　　址	http://www.cspbooks.com.cn

开　　本	710mm × 1000mm　1/16
字　　数	200 千字
印　　张	18.5
版　　次	2022 年 10 月第 1 版
印　　次	2023 年 3 月第 3 次印刷
印　　刷	北京荣泰印刷有限公司
书　　号	ISBN 978-7-5046-9629-8 / G・982
定　　价	80.00 元

自　序

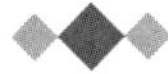

2022 年 10 月 16 日在京召开的中国共产党第二十次全国代表大会，开启了向实现第二个百年奋斗目标进军的新征程。习近平总书记的大会报告，提出了党在新时期新征程的使命任务：以中国式现代化全面推进中华民族伟大复兴。明确指出："教育、科技、人才是全面建设社会主义现代化国家的基础性、战略性支撑。必须坚持科技是第一生产力、人才是第一资源、创新是第一动力，深入实施科教兴国战略、人才强国战略、创新驱动发展战略，开辟发展新领域新赛道，不断塑造发展新动能新优势。我们要坚持教育优先发展、科技自立自强、人才引领驱动，加快建设教育强国、科技强国、人才强国，坚持为党育人、为国育才，全面提高人才自主培养质量，着力造就拔尖创新人才，聚天下英才而用之。"

新时代新征程上，我们踔厉奋发，勇毅前行。制胜科技和人才强国是实现第二个百年奋斗目标的关键，是亿万中华英才勠力报国的伟大历史使命，是各级政协委员们建言议政的热点议题。全国政协学习贯彻党的二十大精神，把加快建设教育、科技和人才强国作为重点专题。9月结束的第九期读书活动，以“深入实施新时代人才强国战略”为专题，鲜明体现了“读书+履职融合”特色，7月中旬全国政协召开了“深入实施新时代人才强国战略”专题协商会。各界别委员对此关注度高，积极参与，34个界别近400名委员踊跃在读书和履职两个信息平台发言讨论，发表意见建议近3000条。作为履职不久的新委员就被推举为“群主”之一，我深感使命光荣而又诚惶诚恐。我从事科技管理工作30多年，对科技战略、政策法规、改革和人才、国际合作等关注研究的更多些。科教兴国、人才强国是我一生追求的梦想，对人才强国这个主题，我怀有深厚的感情和真挚的热爱，但我也清醒地知道，要高质量完成这一读书活动绝非易事。

习近平总书记十分关心全国政协开展委员读书活动，高度评价此活动很有意义，希望运用好读书活动这个载体，组织广大政协委员多读书、读好书、善读书，通过读书学习增长知识、增加智慧、增强本领，做到懂政协、会协商、善议政。汪洋主席对委员读书提出很高要求，强调推动“读书+履职”深度融合、相互赋能，努力把读书转化为履职本领和工作成果；不断推出精品力作，扩大委员读书效应，使之成为联系界别群众的有效载体、“书香政协”促“书香社会”建设的重要力量。

在庆祝建党百年活动后不久召开的中央人才工作会议上，习近平总书记的重要讲话，道出了亿万人才的心声，特别是在广大科技人才中引起强烈反响和思想共鸣，这是具有划时代里程碑意义的重要文献，擘画了建设世界科技和人才强国的宏伟蓝图，制定了实现第二个百年奋斗目标的关键战略举措，是指导新时代科技和人才工作的战略纲领，是深入实施新时代人才强国战略的行动指南。这一讲话融新理念新战略新举措为一体，阐明了系统完整的新时代人才工作理论体系，明确了人才强国的具体目标和重点任务，提出了务实管用的关键举措，直击人才管理体制存在的束缚弊端，聚焦要害，点透了多年想解决而未能解决的难题，教给我们破解难题的金钥匙。

我怀着崇敬的心情和强烈的责任感读书学习，以勤补拙，尽力把新时代人才强国战略理解得更准确更深入。紧密围绕学习总书记在中央人才工作会议上的重要讲话这个主线，博览大量图书资料，紧密结合多年来从事科技和人才工作的实践体会，从历史纵深、当代趋势、世情国情多方位加深对总书记讲话的系统深刻理解，力求对总书记讲话更加系统把握、深入解读、科学诠释。为有助于对总书记提出的建设世界重要人才中心和创新高地目标的深入系统理解，本书认真总结分析了世界科学和人才中心形成、转移的历史脉络及相关规律，使大家感受到我国成为世界人才强国的历史必然，也基本了解近现代世界科技发展的脉络；通过对当今世界科技变革趋势的分析，使大家认识到我们正面临难得的时代机遇；通过对我国 70 多年科技和人才发展振兴道路的总结，使大家增添制胜世界科技人才强国的自信。作为读书心得的一部分，着重就科技自立自强的实施路径、营造创新和人才发展环境两个问题深入研究，提出了自己对科技和人才发展、改革的一些浅见，难免存在偏颇、谬误，仅供批评参考。本书作为有助于深入领会总书记重要讲话的参考资料，但愿能对读者加深对总书记指示精神及新时代人才强国战略的理解和贯彻落实有所裨益。

目录

CONTENTS

引子：走向中华民族伟大复兴的关键抉择

中国拥有辉煌的文明和灿烂的文化，物华天宝，人杰地灵。中国人民勤劳智慧，各类人才荟萃，英雄俊才辈出。中华文明五千年，在大部分时间里，中华民族的经济和文化发展领先于世界，引领着人类文明的进步，创造了辉煌的历史和文化。中国经济总量一直到清朝后期依然领先世界，据英国经济学家麦迪森研究推测，1820 年（清嘉庆二十五年）清朝道光皇帝刚继位时，中国的 GDP 仍占世界比重超过 30%，远高于欧洲的国家。

在明朝永乐年间，明成祖朱棣即位后，经过几年的励精图治，农业经济得以恢复，工商业得到恢复和发展，特别是手工业有了很大的发展，矿冶、纺织、陶瓷、造纸、印刷各方面，都比以前有了不同程度的提高，中国海外贸易的水平超过宋、元两个朝代，对外移民数量增加。从技术上看，造船业的发展、指南针的使用、大批航海水手的养成、航海知识的增加，为郑和下西洋提供了必要的物质和技术条件。不管其意图是“通好他国，怀柔远人”也好，还是明成祖好大喜功、以天朝上国自居而令蛮夷国家“畏威怀德、输诚纳贡”也罢，1405 年朱棣派遣心腹大臣三宝太监郑和七下西洋。在七次航行中，郑和率领船队从南京出发，在江苏太仓的刘家港集结，至福建福州长乐太平港驻泊伺风开洋，远航西太平洋和印度洋，拜访了 30 多个国家和地区。郑和下西洋是中国古代规模最大、船只和海员最多、时间最久的海上航行，也是在 15 世纪末欧洲的地理大发现航行以前世界历史上规模最大的一系列海上探险。比欧洲大航海时代，即 1492 年意大利人哥伦布航海发现美洲大陆早了87年。然而，近200年过去了，到了明朝后期，中国还在以天国自居、夜郎自大之时，16—17 世纪意大利、英国开始了科学革命，在伽利略等科学家的科学成就基础上，牛顿集大成形成了以经典物理学为主导的近代科学体系。18 世纪 60 年代，以蒸汽机及纺织机械发明应用为特征的第一次工业革命在英国爆发，随即传播到欧洲大陆和美国。19 世纪 60 年代后期，美国、德国、英国、法国、日本开启了以电气技术的广泛应用为主导的第二次工业革命，人类进入了“电气时代”。而中国明朝政府禁阻私人出洋从事海外贸易的海禁政策，迫使我国走上了闭关锁国之路。直到清朝，我国仍对世界科技革命一无所知。

随后大清封建王朝迅速没落、国力锐减。借科学革命和技术革命实现工业化的西方列强，实行弱肉强食的强盗逻辑，把魔爪伸向东方文明大国，企图把中国变成他们的殖民地，从贩卖鸦片对国民进行精神麻醉和奴役，到利用坚船利炮进行武力威胁。

1839 年 6 月，身为清朝钦差大臣的林则徐率广州官吏愤然在广东虎门海滩当众销毁鸦片 1400 多吨。英国政府以报复虎门销烟为借口，决定派出远征军侵华。1840 年 6 月，英国派出舰船 47 艘、陆军 4000 人，在海军少将乔治·懿律、驻华商务监督查理·义律率领下，陆续抵达广东珠江口外，封锁海口，发动了鸦片战争。林则徐率军民英勇抵抗，但火筒老枪和冷兵器终究抵不过英帝国主义的坚船利炮，4000 多名英国侵略者竟长驱直入，践踏我中华国土。第一次鸦片战争以后，英国强迫清政府签订了第一个不平等条约，从中国攫取了赔款、关税主权、贸易主权、领事裁判权和片面最惠国待遇等许多特权。中国被迫割让香港、开放了五个港口、赔付白银 2100 万两。英国等西方列强妄图通过这些不平等条约把大量的商品倾销到中国。

1856—1860 年，英国和法国以“亚罗号事件”和“马神父事件”为借口，对中国发动了第二次鸦片战争。1856 年 10 月，英军炮轰广州，正式发起战争。1857 年，英法联军攻陷广州。英法联军在占领广州后，一路北上。1859 年，英法公使各率领一支舰队进京换约，清政府指定英法代表从天津北塘登陆进京，英法公使却依仗武力，率舰队蛮横闯入大沽口。1860 年 10 月 6 日，英法联军占领圆明园。清朝咸丰皇帝携妃子、官员等仓皇出逃。紧接着，英法强盗疯狂掠夺中国国宝 150 多万件，并下令将圆明园付之一炬，将全园精美建筑几乎烧光，其罪行让世界震惊。泱泱中华大国遭受蹂躏、蒙受民族耻辱。中国的外强中干，让大小列强垂涎欲滴，胆大妄为。第二次鸦片战争失败后，中国又被逼割让国土 150 多万平方千米，赔付白银 1600 万两。

1894 年的中日甲午战争，更是中国的又一历史伤疤。日本明治天皇登基伊始，便极力鼓吹军国主义，依仗明治维新工业化领先中国的优势，以实行对外扩张为基本国策，并将侵略矛头首先指向其近邻的中国及朝鲜。清政府当时大搞洋务运动，花重金购买德国的武器装备。1888 年，北洋水师正式编练成军，有舰艇 25 艘，其中不少是从德国进口的，技术水平并不比日本落后，官兵 4000 人。到甲午战争前，北洋舰队的大沽、威海卫（今山东威海）和旅顺三大基地建成。然而清政府腐败，军事变革基本停留在改良武器装备的初级阶段，陆海军总兵力虽已超过 80 万人，但缺乏专业和军事人才，编制落后、管理混乱、训练废弛、战斗力低下。另外，虽然武器装备可从外国购买，但国内落后的制造业没有能力提供技术支撑。1894 年 8 月，日本以朝鲜半岛为跳板，发动甲午战争。当时，日本实际动员兵力 24 万余人，其中 17 万余人在国外作战；日本海军拥有军舰 32 艘、鱼雷艇 24 艘，排水量共达 6.2 万余吨。战争不到半年时间，虽然以邓世昌为代表的清军浴血奋战，表现了与敌人同归于尽的英雄气概，但结局是清军在山东半岛和辽东两个战场全面溃败，北洋水师全军覆灭。战败的中国被迫签订了《马关条约》，割让台湾岛及其附属岛屿、澎湖列岛与辽东半岛给日本，赔付白银 2 亿两。

1900 年，八国联军侵略中国，中国又被逼赔付 4.5 亿两白银（本息合计 9.8 亿两白银）。据不完全统计，从 1840 年鸦片战争到 1949 年中华人民共和国成立的 100 多年中，中国被迫与外国列强签订的不平等条约有1100多个，合计战争赔款9.56亿两库银，折合13多亿银元，相当于1901年清政府财政收入的11倍。

日本欺凌中国变本加厉，狼子野心逐步膨胀。1931年，凭着不到2万人的关东军，竟在沈阳策动“九一八”事变，几十万的东北军无力抵抗，日本占领中国东北。1937年日本将战火延伸到华北，大举侵略中国，妄图把泱泱东方大国变成它的殖民地。中国共产党和所领导的人民军队带领人民14年抗战，取得了抗日战争胜利；之后3年的解放战争，消灭了拥有美国先进装备武装的国民党军队，推翻压在中国人民头上的三座大山，迎来了中华人民共和国成立，让中国人民真正站了起来。随后3年多的抗美援朝战争，中国人民志愿军战胜了第二次世界大战的战胜国、拥有世界最先进武器的美国及其爪牙。我们为中国人民的英勇精神所钦佩的同时，不得不正视我军技术装备落后的现实。

中华人民共和国成立后，开国领袖站在历史高度和时代前沿，从中华民族从辉煌到衰败而备受欺凌的严峻事实中，对科技和人才在建设独立自主强大国家中的战略作用给予特别重视。广大科技人才对报效祖国更是满腔热情、赤胆忠心。短短几年，2000多名在海外富有成就的华人科学家，放弃在海外优越的工作生活条件，毅然回到贫穷落后的家乡报效祖国。这些人成为各学科、各领域的领军人才和共和国科技事业的奠基人。1956年，在国家百废待兴之际，党中央组织科学家研究制定新中国科技发展的12年规划，将“两弹一星”、电子信息、自动化等前沿科技列为重点，一批批科研机构、大学相继建立，大力培养各方面的专家人才，应用先进科技和优秀人才为中国的安全和发展、为改善人民生活和健康水平提供强有力的科技支撑。

在中国共产党的坚强领导下，社会主义制度发挥了强大的优势。中国的科技人才，在新中国建设和科技发展中充分展示了学识才华，表现出敢于克服任何艰难险阻的勇气和攻克科技难关的卓越能力。在一穷二白的基础上，中国科技事业迅速崛起，学科建设和人才队伍建设成就非凡，各类人才茁壮成长，人才队伍不断壮大。为满足国民经济发展的技术需求，我们奋力赶超世界先进水平，以“两弹一星”为代表的一系列科技成就，不仅大幅提升了中国科技在国际上的地位，还为新中国的建设发展和安全提供了强大动力和支撑。后来的“文化大革命”，不但令人才遭受歧视迫害，科技事业也受到严重摧残，使我们错失了第三次技术革命的宝贵时机。1978 年，全国科学大会在京召开，中国科学技术事业迎来了转折。在科学的春天里，知识人才获得新的解放，科技事业焕发新的生机，改革开放洪流推动科技发展滚滚向前，追赶着世界新科技革命的浪潮，贡献出国家发展所需的成果。在引进先进技术基础上消化创新，缩小了与国际先进水平的差距，驱动着经济社会多年的高速增长，使人民群众生活丰富多彩。自主创新跨越发展，从跟跑向并跑甚至领跑转变，众多成果让世界刮目相看。

科技和人才被摆在国家发展的核心地位，科技是第一生产力、人才是第一资源、创新是第一动力的观念深入人心。科教兴国战略、人才强国战略、自主创新战略、创新驱动发展战略，助推发展的转型升级，新技术、新产品、新产业、新业态为经济持续、高质量发展注入了强大动力，为扩大就业开拓了广阔渠道。网络强国建设使十几亿百姓成为网民，搭乘上信息化、智能化的时代快车。我国自主研制的高速列车、大飞机让国民享受到科技创新发展的成果……创新驱动的强大引擎，科技发展的高速列车，推动中国制造科技产品遍布世界。我们在新时代掌舵人的带领下，创造了“脱贫奇迹”，实现了全面建成小康社会的第一个百年奋斗目标，保障着国家安全和社会稳定，连续多年国民生产总值居世界第二位，迈入世界创新型国家行列。

习近平总书记在十九大报告中指出，实现中华民族伟大复兴是近代以来中华民族最伟大的梦想。现在，我们已迈入实现第二个百年奋斗目标的新征程，这一无数仁人志士为之奋斗、亿万人民久盼的时机来之不易。现在也正是“船到中流浪更急、人到半山路更陡”的时候。面临百年未有之大变局，国际竞争的挑战日益严峻，特别是美国，占据世界第一的位置超过百年，其单极世界霸权地位绝不允许撼动，且企图阻止中国前进的步伐。中华民族伟大复兴的道路会受到更严峻的挑战，遭遇更多坎坷、挫折、艰难困苦。我们有信心和底气应对挑战、经受考验，因为我们不但在政治上有以习近平同志为核心的中国共产党的坚强领导，有全国人民的众志成城，而且我们还具有经济实力和强劲发展动力，更具有自立自强科技创新的强大实力、以自主创新为内核的强大国防实力。

在实现民族复兴的关键时刻，党中央审时度势，提出了坚持四个面向、建设科技强国和人才强国的宏伟目标。2021 年 9 月，在庆祝中国共产党建党百年后，召开了历史上第一次“中央人才工作会议”。习近平总书记做了“深入实施新时代人才强国战略，加快建设世界重要人才中心和创新高地”的重要讲话。这个讲话是指导人才工作里程碑式的战略指导文献，是新时代马克思主义中国化的最新成果。讲话系统阐述了以“八个坚持”为支柱的新时代人才工作理论体系，明确了“建设世界重要人才中心和创新高地”这一人才强国建设的具体目标。牢固树立抓发展首先抓人才，抓好人才才能抓好发展的理念。

在当前国际形势错综复杂、挑战日益严峻激烈的情况下，在面临国内向高质量发展转型升级的诸多矛盾和沉重压力下，要想用不到 30 年的时间实现第二个百年奋斗目标，我们的“撒手锏”就是深入实施新时代人才强国战略。在现有基础上，加大高水平人才培养力度，壮大世界一流的人才队伍，特别是科技领军人才队伍，以掌握科技自立自强的主导权、占领世界科技高峰的制高点，就能形成最强大的生产力、竞争力、战斗力，占据国际竞争的主动权，掌握粉碎美国打压围堵威胁的制胜权。有世界一流的人才队伍，就能掌握防卫最坚强的盾，进攻最锐利的矛，前进最强劲的发动机，任何势力也无法阻挡我们前进、复兴的步伐。这是不二的重大战略抉择。

然而，我国人才发展质量和水平受到传统观念、体制机制上久存顽疾的严重制约，不通过深化改革革除弊端、破除障碍、打碎束缚，巨大的人才潜能就难以释放，科技人才的创新激情和创造力就不能被激发出来。习近平总书记聚焦病灶、抓住要害，提出了“向用人主体授权、给人才松绑、完善人才评价体系”三项改革攻坚任务，直击行政化、“官本位”等困住人才的顽瘴痼疾，着力破解这些隐形绳索。这些改革举措的落实到位，必将建立人才培养使用引进的新机制，营造有利于人尽其才、才尽其用、优秀人才脱颖而出的人才发展新环境，推动形成人才竞相创新创造、创新成果喷涌而出的崭新局面，促进世界一流人才基地和队伍建设任务如期完成，确保人才强国建设目标的顺利实现，从而为实现中华民族伟大复兴的中国梦的宏伟蓝图奠定有力基础。

蓝图已经绘就，战略部署到位，关键之关键在于落实见效！我们充分相信，全国一定按照习近平总书记的要求，以“钉钉子”的精神和抓铁有痕、踏石留印的作风抓落实，以壮士断腕的勇气促改革，就一定能开创人才发展和科技创新的新局面。乘风破浪会有时，直挂云帆济沧海。世界重要人才中心和创新高地建成之时，必是中华民族伟大复兴之日！

第一章
建设新时代人才强国的战略纲领

习近平总书记在中央人才工作会议上的讲话，站在“两个大局”和新时代战略高度，科学准确把握科技和人才工作内在规律，集近年来一系列新思想新理念之大成，创新升华，形成了以“建设世界重要人才中心和创新高地”为主线、“八个坚持”为基本架构、完整科学的人才理论体系。以聚天下英才而用之的博大胸怀和宽广视野，提出了指导新时代科技和人才工作的战略指南，为建成社会主义现代化强国、实现第二个百年奋斗目标制定了关键战略举措。

习近平总书记在指出十八大以来人才强国取得的成绩后，重点讲了五个问题。其中，“八个坚持”的重要原则是人才强国战略的纲和魂，接着专门阐述了建设世界重要人才中心和创新高地的重点目标，后面分深化体制机制改革、建设国家战略人才力量、培养用好引进人才三个部分，提出了十项具体的重点任务。这十项任务与“八个坚持”有着紧密的联系。这里我们以“八个坚持”为主要构架，把十个任务的重要内容融入相关原则以便更系统完整地领会总书记的重要思想，而把其中的建设世界重要人才中心和创新高地作为一章专门论述。

一、习近平同志重要讲话的里程碑意义

1. 实现第二个百年奋斗目标的强有力举措

“我们比历史上任何时期都更加接近实现中华民族伟大复兴的宏伟目标，也比历史上任何时期都更加渴求人才。实现我们的奋斗目标，高水平科技自立自强是关键。综合国力竞争说到底是人才竞争。人才是衡量一个国家综合国力的重要指标。人才是自主创新的关键，顶尖人才具有不可替代性。国家发展靠人才，民族振兴靠人才。”习近平总书记高屋建瓴，深刻指出了人才在实现第二个百年奋斗目标过程中的关键作用。我们依靠中国共产党的领导，以改革开放为动力，充分调动亿万人民积极性，深度融入全球化进程，发挥人力资源和引进消化吸收先进技术等比较优势，顺利实现全面建成小康社会第一个百年奋斗目标。在迈向第二个百年奋斗目标新征程中，我们原有的资源禀赋及其他经济要素效能递减。国际上，面临世界百年未有之大变局的严峻考验，特别是以美国为首的西方国家在经济、科技、人才等多领域变本加厉地围堵打压等。国内深化改革和发展转型爬坡过坎遇到诸多新矛盾新挑战，能源对进口依赖度高的安全风险，全球气候变化等因

素导致的灾害风险加大，实现碳达峰、碳中和的硬性目标和改善生态环境，疫情防控和保障人民健康的巨大压力，必须依靠自主创新破解难题、驱动发展。要在 15 ～ 30 年里，使我国经济实力和综合国力跃居世界前列，实现建成世界科技强国、网络强国和世界一流军队等战略目标，必须靠科技自立自强提供战略支撑。必须发掘人才红利为高质量发展注入新动力、新动能。从科技发展分析，原有依靠引进技术消化吸收的跟跑式创新，受到“卡脖子”技术的严重制约和全面封锁，自主创新的重点集中在世界前沿和高端科技的原始创新上。破解现有创新能力不足、水平不高等问题的根本出路在于拥有世界一流的战略科学家和科技领军人才。因此，建设世界科技等方面的强国，根本在于要建成世界人才强国，打造一流的国家科技战略力量。显而易见，深入实施新时代人才强国战略是确保实现第二个百年奋斗目标的关键举措，是实现中华民族伟大复兴的必由之路和战略保证。

2. 抓住了人才工作存在的要害问题

习近平总书记运用辩证唯物主义的观点，客观科学地总结了我国在人才强国工作中取得的成绩，深入分析了人才工作中存在的深层次问题。肯定成绩是我们工作的基础和信心，剖析问题是为了有的放矢解决克服，彰显了自信。总书记总结了十八大以来四个方面的重大成绩：第一，党对人才工作的领导全面加强。主要概括了党中央关于人才发展的一些重大决策及产生的巨大成效。第二，人才队伍快速壮大。全国人才资源总量 2 亿人、专业技术人才数量过亿、各类研发人员全时当量 580 万人年，均居世界首位。第三，人才效能持续增强。人才对经济社会发展的贡献逐年提升，我国科技实力正在从量的积累迈向质的飞跃、从点的突破迈向系统能力的提升。人才质量和创新能力都有大幅提升。第四，人才比较优势稳步增强。我国研发经费投入从 2012 年的 1.03 亿元增长到 2020 年的 2.44 亿元，居世界第二；世界知识产权组织等发布的全球创新指数显示，我国排名从 2012 年的第 34 位快速上升到 2021 年的第 12 位。这些事实说明，我国已经拥有一支规模宏大、素质优良、结构不断优化、作用日益突出的人才队伍，我国人才工作站在一个新的历史起点上。这是我国从人才大国向人才强国跃升的新起点，这些重大成就是我们建成世界人才强国的深厚基础和巨大潜能，是我们坚定信心夺取胜利的强大底气。

习近平总书记指出，我们必须增强忧患意识，更加重视人才自主培养，加快建立人才资源竞争优势。必须看到，我国人才工作同新形势、新任务相比还有很多不适应的地方。人才队伍结构性矛盾突出，人才政策精准化程度不高，人才发展体制机制改革还存在“最后一公里”不畅通的问题，人才评价唯论文、唯职称、唯学历、唯奖项的“四唯”等问题仍然比较突出，等等。这些问题，不少是长期存在的难点，需要继续下大气力加以解决。

习近平总书记点明问题一针见血、直击要害。这些问题之间有着逻辑关联性。人才发展最大的问题，从表象看，是结构性矛盾突出，量大而不强，领军人才、科学大师、工程技术尖子等高端人才严重短缺，与美国的差距依然较大；从本质上分析，在于政策不到位、改革不到位、落实不到位！

3. 提出了人才强国的系统性解决方案

习近平总书记在科学总结十八大以来提出的人才工作一系列新理念、新战略、新举措的基础上，不断深化对我国人才事业发展的规律性认识，提出了“八个坚持”的重大原则，形成了新时代人才强国战略的基本理论构架，这是重大理论创新和建树，是习近平新时代中国特色社会主义思想的又一重大创新成果。“八个坚持”回答了为什么建设人才强国、什么是人才强国、怎样建设人才强国的重大理论和实践问题，使新时代人才工作的理论更加系统化，具有更强的理论性、指导性和实践性，是推进人才强国事业的系统解决方案和行动指南。

坚持党的全面领导作为根本保证，有利于发挥党领导的政治优势，提升人才工作在党和国家全局中的重要地位，统筹各方力量齐心协力推进战略实施；坚持人才引领发展的战略地位是重大战略，要求各级组织立足发展新阶段，必须把人才资源开发放在最优先位置，着力夯实创新发展人才基础。坚持“四个面向”是人才工作的目标方向，方向明确才能阔步前进，行稳致远；坚持全方位培养用好人才是人才工作的重点任务，不仅培养好更要用好人才是基本要求；坚持深化人才发展体制机制改革，是做好人才工作的重要保障，是人才强国的根本动力和制度保障；坚持聚天下英才而用之，是做好人才工作的基本要求，扩大高水平开放才能凝聚全球高水平人才为我所用；坚持营造识才、爱才、敬才、用才的环境，是做好人才工作的社会条件，也是凝聚人才、促进成才、激发人才充分施展聪明才智和创新激情的必须环境和必要条件。坚持弘扬科学家精神是人才队伍建设的精神引领和思想保证，人才以德为先，在为国拼搏、奉献实践中凝练的科学家精神，是我国创造奇迹、后来居上的精神财富，也是建设人才强国的精神力量和最大优势。根本保证、重大战略、目标方向、重要保障、基本要求、社会条件、精神引领和思想保证，八大支柱，有机关联，系统配套，战略整体明确清晰、举措得力，是建设人才强国的系统科学、操作性强的总体方案。

4. 明确了战略主线和清晰科学的目标

习近平总书记明确提出了“建设世界重要人才中心和创新高地”的具体目标，这实质上是建设世界人才强国的主要标志性指标，也是讲话的主线。总书记以他渊博的学识，在对人类历史上科学中心转移的科学分析和对未来科技发展大势的深刻洞悉基础上，提出了这一宏伟目标。前 3 个世界科学中心的转移是在欧洲内部，持续 400 多年，是近代科学体系形成和发展的重要时期，也是欧洲当时领先世界的动力之源，总体来看，历史上欧洲主要作为近代科学中心。20 世纪初，特别是两次世界大战加速了世界科学中心从欧洲向美国的转移，至今已有近百年的历程，与欧洲的明显差别是，美国成为真正意义上的现代世界科学和人才中心。在此背景下，总书记仍提出把我国建设成世界重要人才中心和创新高地的明确目标，展示了大国领袖的战略考量和政治魄力。同时，“建设世界重要人才中心和创新高地”的表述，又彰显了总书记的英明智慧和务实态度，既能达到目的又留有足够的战略余地。这一目标的明确提出，既指明了我国的奋斗方向，也给我们提供了一面镜子和一把尺子，让我们在增加信心的同时，认识到与现有世界人才中心的差距，激励我们迎难而上、奋力赶超，用短短几十年的时间赶上欧美的百年发展水平。

5. 提供了解决难题症结的金钥匙

实施新时代人才强国战略，人才发展的重点任务是加快科学前沿领军人才和国家战略科技力量培养，尽快补上人才结构高端人才的短板。工作的难点是革除长期遗存的体制机制中的弊端障碍，关键而有效的举措是深化改革。总书记指出的三个改革的重点，都是必须啃的硬骨头、必须攻克的堡垒，这实际是我国科技教育和人才管理体制的一次深刻变革。

总书记找准了靶点，明确了改革的重点，对症下药开出了整治的妙方，交给我们破解难题的金钥匙，激励我们以刮骨疗毒的勇气加大改革攻坚力度，革除体制机制的顽瘴痼疾。深刻领会重大意义，才有助于提高政治站位，增强贯彻落实的思想和行动自觉。

二、科学把握“八个坚持”的基本理念

1. 党对人才工作全面领导是根本保证

习近平总书记把坚持党对人才工作的全面领导放在“八个坚持”首位，并作为人才工作的根本保证，就是要发挥我国政治制度在推进人才事业发展上的优势，完善党管人才工作格局。改革开放以来，特别是党的十八大以来，我国经济社会发展取得举世瞩目的巨大成就和进步，关键在于党的全面领导，坚持和完善党

对人才工作的全面领导，不断开创实施新时代人才强国战略的新局面，取得新成效。应从多视角深刻领会和认识党的领导的根本保证作用。

（1）爱才重才是党的初心使命的体现。党的初心使命决定了为中国人民谋幸福、为中华民族谋复兴必须依靠优秀人才骨干。在腥风血雨、战火纷飞的年代，一大批优秀人才入党、加入革命队伍，成为党领导人民取得革命胜利的骨干力量。中华人民共和国成立之初，以钱三强、钱学森、邓稼先等为代表的科学家毅然从海外归国担当起“两弹一星”领军帅才。在困难条件下，党和国家选派大批优秀青年人才赴苏联留学，大批人才成长为我国科技的领军人才和骨干。改革开放后，大力推进科技教育事业发展，选派大批优秀青年赴海外留学，国家先后组织实施科教兴国、人才强国、自主创新战略，出台一系列重大科技和人才计划，推动我国科技教育和人才事业蓬勃发展。党的十八大后，以习近平同志为核心的党中央，把人才工作摆上党和国家工作前所未有的位置，组织深入实施新时代人才强国战略，提出了一系列新思想、新战略、新理念，推动科技和人才事业大发展、大跨越，迈向世界前列。把人才工作融入党的初心使命，更能凝聚全党重视、支持人才工作。

（2）有利于把人才发展工作摆在全党工作的重点地位。党的领导是我国的最大政治优势，党中央在统揽全局、协调各方中有着绝对权威。因此，列入党的工作重点，党中央把舵领航，全党重视，发挥集中力量办大事优势，再难的问题也能解决，什么样的奇迹也可以创造。新时代人才强国战略的重大决策部署，得益于党的英明领导，而各项部署贯彻落实，则更需要加强党的领导，党政齐抓共管，各地各部门协同推进，真正落地见效。

（3）党领导制定人才规划和配套政策更具权威性。党领导制定人才发展规划，将原来某一领域的业务工作，上升为党和国家的重大战略决策、全局性的重点工作。实践证明，2021 年 9 月中央人才工作会议后，2022 年 4 月 29 日中共中央政治局审议通过了《国家“十四五”期间人才发展规划》，把习近平总书记的重要讲话和会议精神更加细化、具体化，战略举措更加硬化和可操作，特别是深化改革及配套政策制定的翔实务实，既有明确目标，又有明确的时间表、路线图，把重点任务分解到各相关部门，明确责任分工和监督措施，形成了指导各地各部门具体实践的系统性、操作性很强的行动方案。同时，该规划同国家经济社会发展规划、科技教育等专项规划统筹协调、有机衔接，更显示了人才引领发展战略的核心作用。这将有力增强全社会对人才工作的重视程度和支持推进力度，取得更加快速、更高质量的发展。

（4）党的领导重在保证重大决策及政策的落实。党的全面领导也体现在贯穿人才工作的全过程。重大决策落实难的问题受到党中央的高度重视，加强党的领导也要体现在贯彻落实这一重要环节。总书记讲话及《国家“十四五”期间人才发展规划》的目标任务和政策举措都很明确具体，必须结合各地各部门实际落实到位。要把落实行动作为衡量各级干部特别是领导干部做到“两个维护”的实际成效，落实党建责任制的具体内容。

2. 坚持人才引领发展的战略定位

立足新发展阶段、贯彻新发展理念、构建新发展格局、推动高质量发展，必须把人才资源开发放在最优先位置，大力建设战略人才力量，着力夯实创新发展人才基础。

（1）把新时代人才工作摆在前所未有的地位。中国共产党历来重视人才工作，在革命、建设和改革开放各个历史时期，都把人才工作放在党的工作的重要位置。党的十八大以后，以习近平同志为核心的党中央，把人才发展、科技、教育事业摆在全局突出战略位置，强调创新是引领发展的第一动力，培育符合创新发展要求的人才队伍，要大兴识才、爱才、敬才、用才之风，在创新实践中发现人才、在创新活动中培育人才、在创新事业中凝聚人才，聚天下英才而用之，让更多千里马竞相奔腾。总书记揭示了创新驱动本质上是人才驱动的科学规律，强调坚持人才引领发展的战略地位，把人才工作提升到新时代党和国家工作更高的战略地位。我们要深刻领会这一战略提升的重大意义，更好发挥人才在引领高质量发展中的核心作用。

（2）把建设人才强国与科技强国统筹推进。建设科技强国和人才强国是建设社会主义现代化强国的最为重要的内容和必要前提。二者是紧密关联的统一体。自主创新的根本在于人才，国家科技创新力的根本源泉在于人，特别是在科技自立自强的新发展阶段，人才特别是战略性人才、领军人才、高端尖子人才更是至关重要的第一资源。我国刚进入创新型国家行列，距离世界科技强国还有不小差距。在世界科技前沿、尖端领域，还落后于现有科技和人才强国，创新能力的不足主要是高水平人才数量和质量不足，特别是国家战略科技力量还不强，科学大师数量还不多，在人才培养和使用中，优秀人才的作用发挥还不够。因此，必须把科技和教育有机结合，把人才培养使用与科技工作紧密结合，使人才发展紧密贴近科技创新的需求，以提供第一资源的有力引领支撑。

（3）把人才强国战略与新发展理念有机结合，引领高质量发展。创新、绿色、协调、开放、共享的新发展理念，是新时代指导高质量发展的战略纲领，是实施新时代人才强国战略的重要目标导向。人才工作要紧紧围绕实施新发展理念、推进高质量发展的大局，引导广大人才做践行新发展理念的先行者，创造更多驱动支撑高质量发展的高水平创新成果，为破解绿色发展的难题，做出引领示范，贡献促进协调发展的方法和智慧，在推进开放发展中走在前列，做推进技术、产品出口和国际合作创新的先锋，尽力推动科技走进百姓生活、惠及全体人民。践行新发展理念，迫切需要各类人才施展才能，为促进科学决策贡献才智。

（4）形成党政齐抓共管、协同推进人才引领发展的大格局。发展是第一要务。党赋予人才引领发展的重大使命，各行各业人才定不负重托，成为高质量发展的中坚力量。党政各部门将会把发展的主体职责与人才工作有机结合，自觉发挥各类人才第一资源的作用，采取各种有效举措识才、重才，充分发挥人才的特长和干事创业热情，形成全党上下尊重人才、依靠人才加快高质量发展新格局。

3. 坚持四个面向的目标导向

坚持面向世界科技前沿、面向经济主战场、面向国家重大需求、面向人民生命健康，这是 2020 年习近平总书记在主持召开科学家座谈会时提出的新时代科技工作的基本方针，把这一方针拓展为人才工作目标方向，进一步明确了人才队伍建设的重点，对提升人才队伍整体水平有重大意义。

（1）要树立自立于世界科技前沿的雄心壮志。支持和鼓励广大科学家和科技工作者紧跟世界科技发展大势，对标一流水平。这要求人才要有国际视野，提高战略前瞻能力，善于洞察世界科技发展大趋势，把握科技前沿研究创新的动向和脉络，既要明确赶超的目标，更要树立前沿探索开拓的志向和勇气，敢于提出新理论、开辟新领域、探索新路径，做科技发展的领跑者。

（2）要肩负实现国家战略的使命担当。根据国家发展战略需求确定研究发展方向和重点，把科技报国、建设现代化强国作为崇高使命。善于把世界前沿与国家战略需求有机结合，运用国际先进技术服务国家战略，对标世界一流，提升国家发展水平和安全保障水平、提升国家综合国力和国际竞争力。不断攻克“卡脖子”技术，多出战略性、关键性重大科技成果，不断向科学技术广度和深度进军。

（3）要增强驱动高质量发展的攻坚克难能力。始终坚持面向经济建设主战场，为经济发展提供科技引领支撑和创新第一驱动力。善于了解经济发展的全局和科技需求，把提升先进技术供给能力、推进供给侧结构改革作为重点任务，统筹安排应急和长远性工作，急发展之所急，把突破经济发展及产业升级的瓶颈、短板等急迫需要作为优先攻克的重点，加快开发新产品、研究推广工艺，推动产业改造升级；着眼长远，及早布局研发前沿高端关键技术，运用创新技术特别是颠覆性技术创立新产业，占领国际竞争制高点。要善于破解制约高质量发展的环境、资源、灾害等方面的技术难题，支撑绿色、协调、可持续发展。要坚持始终深入经济主战场，转化推广先进技术成果，传授先进实用技术，解决现实技术难题，真正把论文写在祖国大地上，把科技成果应用在经济建设伟大实践中。

（4）强化科技造福人民的情怀和责任。牢固树立“人民至上、生命至上”的理念，把保护人民健康和生命财产安全作为自己的重大责任和义不容辞的神圣义务。奋力攻克新冠肺炎疫情和重大疾病发展的关键技术，提升新药创制、新医疗装备研制、促进医疗健康的信息智能手段等创新能力和水平，踊跃深入艰苦地区、防疫抗疫前线、救死扶伤一线，当好人民健康的卫士。要加强粮食安全、食品安全、生产安全、自然灾害防治的科技攻关，确保中国人的饭碗端在自己手里，吃得健康营养。运用现代科技手段，提高防范重大安全风险隐患的能力，提高处置突发安全事件的能力和效能。

4. 坚持全方位培养用好人才的重点任务

（1）必须坚定自主培养信心，造就一流科技领军人才和创新团队。建设人才强国的核心要义，是以自主培养为主，造就世界一流的高水平人才队伍。对此，我们既要满怀足够的信心，又要认识到任务的艰巨紧迫。中国现已成为世界科技和人才大国，众多领域的科学家及团队跻身世界一流行列，这主要依靠人才的自主培养和科技的自主创新。对外开放、引进一流的国际高水平人才是我们一贯坚持的政策，但主要立足点是自主培养。主要立足于在现代化建设和科技创新实践中培养、锻炼人才，按照“四个面向”的目标导向培养人才，着力培养能担当建设科技强国大任的领军人才和创新团队。

（2）培养具有国际一流水平的青年科技人才后备军。世界科技发展和科技大师成长的历程表明，科技创新思想活跃、重大成果产出的黄金年代在青年时期。我国许多老一辈科学家在青春年华就已经取得了重大学术成就、成为国之栋梁。因此目前培育造就青年科技尖子人才、领军人才已成为十分紧迫的任务。培养人才的前提是放手用好用活青年人才，敢于大胆使用青年人才，放开视野选人才、不拘一格用人才，激发他们的创新活力和激情，让他们扛大梁、挑重担。老一代科学家既要善作伯乐、甘当人梯，更要默默关心指导，充分信任，放手让青年人才担责。在攻坚攀高峰的实战中锤炼青年人才，让他们在坎坷挫折摔打中成才。

（3）以国家战略科技力量为龙头，建设高水平的人才梯队。“千军易得，一将难求”，战略科学家和领军人才的引领和骨干作用，标志着科研开发的整体实力和水平。习近平总书记特别强调国家战略力量建设，发现了科技发展的内在规律，抓住了人才发展的要害和关键。着力在科技创新实战中造就战略科学家的帅才群体、科研与创新的领军将才团队、业务尖子的骨干队伍，带动国家重大基础研究、战略高科技研究、国家安全和发展的重大先导任务研究跃升，带动国家战略科技研发创新能力的整体提升，带动各层次、各方面人才队伍整体水平提高。各层次人才竞相成长、百舸争流，中国宏大高水平的人才队伍必将迈上新台阶。

（4）加强培养产业领军工程技术人才。具备产业门类齐全、产业链完整、产业技术创新体系完善的实体经济，是我国实现独立自主、建立发展新格局的基本依托，更是实现科技自立自强、跃升为世界科技强国的关键。产业工程技术人才是支撑现代工业强国的重要力量，在推动先进科技融入经济、驱动产业升级和竞争力提高中发挥着承上启下的作用。广大技术研发创新人才、工程师、技术工匠等都是工程技术人才的重要组成部分。既要培养、使用好工程技术领军人才，壮大工程技术领域的国家战略力量，更要使各层次、各行业的工程技术人才各尽其能，才尽其用。

（5）激发创新活力，放开视野选人才、不拘一格用人才。培养、使用和引进人才，最关键的是用好现有人才。清醒认识用好人才的艰巨性和紧迫性，更要从管理体制机制上突破，建立公平、平等的选人、用人机制，不唯“帽子”，重真才实绩，让“小人物”有机会脱颖而出。同时，还要建立包容机制，宽容失误，容忍失败，形成各类人才竞相创新、在实践中增长才干、脱颖而出的创新生态。

5. 坚持人才发展体制机制改革攻坚

（1）充分认识深化改革的艰难性和关键性。深入实施新时代人才强国战略，实质是一场科技教育和人才发展体制的深刻革命。现有体制机制中存在的藩篱束缚，已成顽瘴痼疾。要深刻认识习近平总书记一针见血指出的改革存在的尖锐问题，即“破”得不够、“立”得也不够，既有中国特色又有国际竞争比较优势的人才发展体制机制还没有真正建立。要坚持问题导向，着力解决困扰多年、反映强烈的突出问题。习近平总书记特别强调深化改革，就是要为人才成长破除体制的约束和障碍，真正把人才从体制的束缚中解放出来，把创新激情激发出来；否则，人才强国的目标和任务难以完成。

（2）聚焦三大突出问题，改革勠力攻坚。习近平总书记从宏观管理、用人主体的微观管理和人才评价三个方面，鲜明提出了深化改革的三个重点任务，即向用人主体授权、积极为人才松绑、完善用人评价体系，直击人才管理体制的弊病，抓住了放活用好人才的要害。这三项重点改革虽多年提及，但往往高高举起、轻轻放下，犹如雷声隆隆却小雨湿地皮，实施起来如隔靴搔痒，导致症结久治不愈。这次的改革，就是要以刮骨疗毒的魄力坚决革除存在的这些顽瘴痼疾。三项改革任务的到位对新时代人才强国战略的实施起到事半功倍的效果，因此改革任务攻坚克难，不达目的决不罢休。

（3）破除行政化、“官本位”旧观念，重建优化科研生态环境。人才管理体制的各种弊端顽疾，根源在于用人主体的行政化和官本位陈旧观念。因此，去除行政化、破除官本位观念是深化改革的焦点和硬任务，不从根源上治本，难以实现为人才松绑、扭转学术环境恶化的状况。科技创新和人才管理最关键的是建立营造学术民主、宽松自由的学术环境，让人才少受行政化事务、形式主义的干扰，静心潜心做学问、搞研究，激发创新热情和能动性，人尽其才充分施展智慧才能，使优秀人才脱颖而出。

（4）政府部门和管理干部要勇于自我革命。在深化科技教育和人才发展体制机制改革中，政府部门，特别是领导管理干部的自我革命是改革成败的关键。用人主体行政化、官本位观念主要是受政府部门的影响。政府部门以行政化的思维和方式管科技、管人才，包揽权力过多、管得过宽过细，严重干扰人才的主体业务，束缚了基层和人才积极性、主动性的发挥。因此，政府部门要以壮士断腕的决心和勇气，把“不能简单套用行政管理的办法对待科研工作，不能像管行政干部那样管科研人才”作为刚性要求和行为红线，把该放的权利放到底。

6. 坚持聚天下英才而用之的基本要求

（1）世界人才中心的内在要求是聚天下英才。建成世界重要人才中心和创新高地，必须以广阔的国际视野、博大的世界胸怀，积极与世界一流大师和尖子人才为伍，扩大开放，以多种方式广开渠道，吸引凝聚天下英才，不求所有，但为所用，博采众长，在交流、竞争、合作中提升科技教育水平。

（2）营造科研和用才环境，提升引才聚才的凝聚力。吸引凝聚天下英才，必须营造世界一流的学术和人才发展环境。自然生态优美的地方，大批候鸟会跨越千山万水、不远万里成群结队迁徙而至，甚至以此为家，繁育生息。人才环境亦是如此，自由探索、研讨民主、学术平等、包容宽容的宽松环境，在头脑风暴的争鸣中学学相长，相互启发激励，使才华充分施展，激情灵感交相迸发，可在知识海洋、科学太空自由遨游，重大成果不断涌现，优秀俊才脱颖而出。有了这种优越的人才发展环境，何愁天下莫才不趋之若鹜？

（3）打造好聚集人才、施展才华的平台和社会条件。位列科学前沿、人才荟萃、充满创新活力的实验室或研究中心，先进配套的科研设施平台，丰富便捷的图书资料和信息服务，多学科交叉的研究体系，公平便利的科研经费申请渠道，等等。这些软硬件是吸引聚集高水平人才的必要条件。美国哈佛大学、麻省理工学院、英国剑桥大学等已成为聚集国际英才的学术中心，重要的是他们拥有这些具有学术诱惑力的环境条件。我国的一些一流大学、科研机构如果同样具备这些优越条件，也将成为吸引全球优秀人才的良好平台。

（4）畅通便利人才交流合作的国内外通道。要吸引更多国际科技组织在我国落户，积极牵头建立前沿学科、新兴交叉学科和融合创新的国际科技组织。鼓励举办更多的国际学术交流活动，支持科学家出境参加更多的国际学术交流活动，拓展畅通来去自由、往返便利的国际交流合作渠道。

7. 坚持营造识才爱才敬才用才的环境

必须积极营造尊重人才、求贤若渴的社会环境，公正平等、竞争择优的制度环境，待遇适当、保障有力的生活环境，为人才心无旁骛钻研业务创造良好条件，还要在全社会营造鼓励大胆创新、勇于创新、包容创新的良好氛围。尊重人才、求贤敬才必须遵循科技发展和人才工作的内在规律，过度行政化必然破坏公平竞争择优的制度环境。不能搞形式主义，“帽子”满天飞，不能名利当头、为粉饰政绩招揽人才，以行政化办法代替学术规则，搞挖取人才的不良竞争。各种媒体更要舆论先行，坚决改变青少年极端追星的行为，营造追求真理、崇尚科学家的浓厚社会氛围，让为国奉献、为民造福、创造伟绩的优秀人才成为全民追捧的明星。

8. 坚持弘扬科学家精神这一人才工作的精神引领和思想保证

科技创新不是名利追逐场，而是拼搏奉献的崇高事业，科学精神、科学家精神是求索创新的不竭动力，是甘心寂寞、百折不挠、锲而不舍的精神力量。“两弹一星”精神、“载人航天”精神等，都是由科技工作者创造的宝贵民族财富，是人才成长必备的精神营养和“传家宝”。习近平总书记概括的科学家精神内涵更加丰富，思想境界更高，更易于传承践行。

（1）胸怀祖国、服务人民的爱国精神。这是科学家的崇高志向和神圣使命，更是最高的职业追求和人生境界。

（2）勇攀高峰、敢为人先的创新精神。需要有胆识和勇气，必须不畏艰险、探索未知、勇往直前，也需要有坚韧不拔的毅力，锲而不舍的韧劲和咬定青山不放松、不达目的不罢休的决心。

（3）追求真理、严谨治学的求实精神。这是科学家必备的职业特质，科学作为认识客观世界的手段，实事求是、务实求真是基本要求，真理是客观世界内在规律的真实反映，必须认真求证，来不得半点敷衍轻率、马虎大意，更不可投机取巧、弄虚作假。

（4）淡泊名利、潜心研究的奉献精神。这是科学家高尚的道德修养和职业素养，不为名利所诱，不为钱财所动，不急功近利、心浮气躁，耐得住寂寞和清苦，以默默探索奥秘为乐，以为科学献身、为社会奉献知识为荣。以“春蚕到死丝方尽”的情怀，书写人生的辉煌。

（5）集智攻关、团结协作的协同精神。团队精神是科研事业的内在要求，不但要乐于交流合作，更要善于合作。学术的争鸣、思想火花的碰撞，智慧的相互启迪，思路的相互启发，挫折中相互鼓励打气，工作中密切配合。不仅大科学工程、大工程科技需要团队协作、集体攻关，很多研究也都需要合作交流。

（6）甘为人梯、奖掖后学的育人精神。这是科学家所具备的博大胸襟和高尚风格，也是科技日益繁荣、人才辈出的内在规律。这是“桐花万里丹山路，雏凤清于老凤声”的境界，更是“待到山花烂漫时，她在丛中笑”的格局。这一精神的传扬，必然使众多青年俊才脱颖而出，科技成果繁花似锦。

科学家精神的发扬光大、代代传承，必将引导德才兼备的优秀人才健康茁壮成长，加速人才强国战略的深入实施。

三、在推进各项战略举措落实落地上下功夫

习近平总书记关于新时代人才强国战略的重要讲话，除理论体系完整、创新性和战略性强之外，还坚持目标和问题导向，用了三个部分的内容，着重强调了深入实施新时代人才强国战略的重点任务，回答了重点培养什么样的人才、怎样育人用人、提供

什么样的制度保障等关键问题。要求我们转变观念、解放思想，用深化改革的办法，解决体制残存的老大难问题，补齐我国人才的短板。突出的特点是战略举措实，问题点得精准、透彻，解决办法有的放矢、直中要害、务实管用，从而激起广大人才特别是科技人才的强烈共鸣和真心拥护。但是落实落地难的问题依然令人担忧，必须把功夫下在结合实际上，上下一起努力，克服难点、打通堵点，真正落地见效。特提出几个重点问题。

1. 鼓励战略科学家和领军人才在创新实践中担当大任

习近平总书记特别强调，战略科技力量是支撑我国高水平科技自立自强的重要力量，要加快培养战略科学家和科技领军人才、尖子人才等战略科技力量。我国人才队伍规模数量虽大，但结构不合理、矛盾突出，特别是在科技前沿和高端领域，世界级科学大师缺乏，领军人才、尖子人才严重不足，尤其是这些方面的青年杰出人才数量不足。就重点培养四个方面的战略人才力量进行部署，显示了总书记卓越的战略研判力、善抓主要矛盾、纲举目张的雄才大略。

科技领军人才是将才，是团队制胜乃至学科领先的关键。领军人才特别是战略科学家群体水平的提升，是人才队伍建设的龙头和纲，纲举才能目张，以此带动国家战略力量乃至人才队伍素质和水平整体提高。领军人才是学术尖子，更要具备学术领导能力，包括对学科、领域发展态势的把握，方向性的前瞻预判，研究课题的总体谋划，技术路线的选择，资源的争取和调配，科研攻关的组织指挥，内外协调，人才培养等。除此之外，还必须具有甘于吃亏、勇担风险的品质和海纳百川的胸怀。领军人才不可“定苗栽培”，更不可“揠苗助长”，需要在科研攻关实践中摔打锤炼、成长成熟。领军人才不能搞行政指派，更不能搞论资排辈。组建团队更要充分尊重他们的意见，授予其充分自主权，决不能搞“乱点鸳鸯谱”“拉郎配”，那样会严重影响团队的和谐与效率。要避免领军人才由于繁重的额外事务负担影响科研业务，更要减少各种官僚主义、形式主义的事务影响干扰科研工作，避免陷于琐碎事务而疏于主体业务。去行政化，也要对戴着“官帽”的领军人才区别对待，注重其科技人才身份而不能简单地与其他行政干部同样管理。

领军人才多是以科研的领先成就和人格力量，赢得了众多科研人员的信赖，凝聚起科研创新团队，也有基于科研成就领军创办企业搭建起更大的创新创业平台。领军人才发挥着团队中流砥柱和舵手的独特作用，甚至一人堪比千军万马，可带领一个学科、专业、技术领域取得突破或占据领先地位，有的能创立新的理论、学说、学科，开辟新的领域，实现颠覆性的创新甚至可以引发行业的变革升级。

战略科学家往往从领军人才中脱颖而出，他们具有大视野、长远目光、战略高度、渊博学识和卓越学识成就，对学科、行业、重点技术领域乃至科技全局发展的态势和方向把握、战略的观察力、研判力、号召力更胜领军人才一筹，是科技帅才。其中包括全局性战略科学家和学科或领域战略科学家。大的学科和技术领域的战略科学家对本学科或领域的科技发展了然于胸，善于谋划学科领域战略规划，决定和引领发展方向，组织重大科研项目和科技工程，如我国“两弹一星”、载人航天的元勋多是这方面的杰出代表。全局性战略科学家对整体科技发展起着领航掌舵的关键作用。世界科技发展史上，牛顿、爱因斯坦、波尔等都是战略科技大家的杰出代表，他们创立的新的科学体系及范式，引发了影响科技发展和人类文明进步的科学革命。我国历史上，李四光、钱学森等同志堪称全局性战略科学家，他们对中国科技的贡献绝不限于某学科领域，而是对推进国家科技、经济和安全发挥了至关重要的决定性作用。宋健同志不仅是全局性战略科学家，还是控制论领域的泰斗人物，在主政国家科委期间，在全国组织实施科技体制改革，组织制定的“面向经济建设主战场、发展高科技及其产业、加强基础研究”三个层次的战略部署、科教兴国战略等经中央批准后在全国实施；主持研究出台了科技服务惠及“三农”的星火计划、促进高技术产业化的火炬计划，推动兴办国家新技术产业开发区，大力发展民营科技企业，主持筹建中国工程院等，为形成改革开放新时期中国科技发展新布局做出了开创性贡献。周光召同志作为战略科学家得到公认，作为理论物理界的泰斗和“两弹一星”元勋，主政中国科学院，统筹推进科技面向经济建设和加强基础研究的改革，带领中国科学院发展转型、为综合科研创新能力跃上新台阶奠定了坚实基础，倡导并作为顾问组长领导了基础研究的“973 计划”，在科技界大力倡导推行科学精神。王大珩同志虽不是科技界的领导，但作为战略科学家名副其实，1986 年，他会同其他三位老科学家向中央建议并被批准实施发展高科技的“863 计划”；20 世纪 90 年代初倡导成立中国工程院；21 世纪初向党中央国务院建议设立航空发动机重大专项……以上这些事例，都是他们作为战略科学家为国家科技发展所做出的彪炳史册的、里程碑式的重大贡献，其社会价值远大于他们自身的学术成就。要有意识地发现和培养更多具有战略科学家潜质的高层次复合型人才，形成战略科学家成长梯队。

2. 注重强化工业科研和工程技术高端人才的作用

我国拥有世界上最为完整的工业门类和产业链，正在从制造业大国迈向世界工业强国，必然要率先建成世界工业科技和工程技术人才强国。目前相较于美国、德国等一流工业强国，我国在工业科技技术上还存在一些短板，工程技术自主创新能力还不够强，因此，实施新一代人才强国战略，必须把工程领域的领军人才及团队、高水平工程师的培养和队伍建设放在优先位置。特别是，要着力提高企业科技人才的自主创新创造能力，在自主开发新产品、新工艺等方面，在加强和激励涌现更多颠覆式创新和独门尖端技术方面取得大的突破。因此，必须强化以企业为主体、与高水平大学和科研机构的战略合作，培养造就企业高水平研究开发和工程技术人才，大幅提升在前沿、高端，特别是“卡脖子”领域的自主创新能力，推进企业转型升级为科研创新型企业。再者，要正视 20 世纪末工业部门科研机构转企改革带来的产业公共、基础性技术研究薄弱的后遗症，政府投资支持转制院所建立国家重点实验室，保留一批精干科技力量，加强行业共性基础科技研究，支撑供应大量创新能力弱的中小企业的技术需求。

3. 用好现有人才是提升培养和引进人才的必要条件

用活用好人才是基础。现有人才用好了，他们的聪明才智得以充分施展，才更能提高引进人才的吸引力、感召力，激发在读在研人才发奋努力。对待急需紧缺的特殊人才，要有特殊政策。习近平总书记的教导既一针见血击中时弊，又开出综合整治的良方，必然激发科技人才的创新热情。总书记所强调的培养、引进、用好人才，是一个相互关联促进的有机整体。其中，用好现有人才最为关键，因为只有这样，才能重视对青年人才的培养重用，为人才培养作出示范，为引进人才增加吸引力。重引进轻使用和培养是当前存在的突出问题。“墙内开花墙外香”“外来的和尚会念经”现象仍然常见。究其原因，一是人才评价体系不合理，轻真才实学，盲目看中各种“帽子”的现象比较普遍。往往晋升、重用，先看“帽子”的分量，“杰出青年”“长江学者”“千人计划”“万人计划”等各种“帽子”成为重用的标码。由此误导人才，特别对青年人才而言使他们难以沉下身子静心做学问、搞科研，主要精力放在争取“帽子”上，引发学术浮躁，甚至媚俗取巧。一旦有了“帽子”后，就有了跳槽、寻求高收入待遇的资本，反而不能安心于本职工作。二是上级主管部门和用人主体领导、管理人员追求政绩和虚荣，不把心思放在激励人才搞科研上，而把“帽子”作为本单位的业绩。三是对青年科技“小人物”不重视。引进年轻人后轻培养，并且使用不当。特别是招录新毕业的博士、刚出站的博士后，没有下功夫在放手使用中培养历练，往往把这些“小人物”边缘化、让其坐冷板凳，甚至使唤打杂，致使青年科技人才存在担纲机会少、成长通道窄等问题，浪费青年人才科研创新的黄金年华。现有人才使用不当，其结果事与愿违，“引来了女婿气走儿子”，造成人才使用的恶性循环。还有一些部门诱导青年人才把精力过多地投入职称评审、项目申报、“帽子”竞争上。其深层根源还是用人主体的行政化，违背了科技发展和人才成长客观规律。要在深化改革中改变这种不良现象，理顺用好人才的体制机制，破除现存的陈规陋习，不要求全责备，不要论资排辈，不要都用一把尺子衡量，让有真才实学的人有用武之地。要建立以信任为基础的人才使用机制，允许失败、宽容失败。尤其把培育国家战略人才力量的政策重心放在青年科技人才上。给予青年人才更多的信任、更好的帮助、更有力的支持，支持青年人才挑大梁、当主角，让优秀青年人才全身心扑在科研创新上，使他们脱颖而出成为尖子人才、领军人才。

4. 聚天下人才而用之必须拓宽双向对外开放渠道

（1）深刻认识习近平总书记的伟大战略构想，坚定推进人才工作扩大开放。世界新一轮科技革命和产业变革迅猛发展，世界科技发展格局正在发生深刻变化。中国发展需要世界人才的参与，也为世界人才提供机遇。“必须实行更加积极、更加开放、更加有效的人才引进政策，用好全球创新资源，精准引进急需紧缺人才，形成具有吸引力和国际竞争力的人才制度体系，加快建设世界重要人才中心和创新高地。”推动人才的双向开放，彰显了习近平总书记作为大国领袖的全球视野、博大胸怀和政治魄力。建设世界人才中心，必须积极与世界一流大师和尖子人才为伍，结合新形势，畅通拓展人才国际交流合作通道，瞄准世界一流水平，千方百计引进那些能为我所用的顶尖人才，使更多全球智慧资源、创新要素为我所用。

（2）在改革开放中构建更有效的制度体系，是留住国内优秀人才、吸引国际一流人才、凝聚天下英才的关键，要进一步优化打造一批与国际接轨的世界人才平台和创新高地。调整优化我国科技人才引进、培养计划，完善科学公正的引进人才评价体系。将各相关计划、政策向国家实验室、“双一流”大学倾斜，推进国家科研基地扩大管理自主权、优化学术环境先行改革，形成与国际科研机构接轨的重要接纳平台。改进完善“海外科技人才离岸创新创业”等柔性引进机制。支持鼓励新科技组织发挥在引进、凝聚海外优秀科技人才上的独特优势和积极作用，鼓励海外科技人才来华牵头或参与创办科技企业、科研组织。迎接科技教育扩大对外开放的又一个春天。

（3）加大推进建设我国科学家主导或参与的国际科技组织力度，提高我国科学家的国际影响力和凝聚力。进一步鼓励支持我国科学家在国际科技组织担任重要职务，从政策、资金等方面提供参与国际组织活动、国际学术会议等科技交流往来方便的支持。抓住科技变革、新兴学科兴起机遇，大力推进在华建立国际科技组织，并提供场所、经费等方面的支持。鼓励、吸引更多国际学术会议在我国召开；支持以我国科学家为主创办国际知名科学类期刊；加强与世界知名科技奖励组织联系、交流与合作，推进我国社会组织科技奖项成为知名国际大奖，大幅提高我国科学家获得国际大奖的比例，提升我国科学家国际知名度和影响力。

（4）结合新形势畅通人才国际双向交流渠道。人才对外开放是双向的，不仅要引进来，还要走出去。坚持全球视野、世界一流水平，千方百计引进那些能为我所用的顶尖人才，不仅是海外华人、华裔科技人才，还要积极吸引一流外裔科学家来华交流、工作，使更多全球智慧资源、创新要素为我所用。要采取多种方式开辟人才走出去培养的新路子，使人才培养渠道多元化，储备更多人才。进一步解放思想，鼓励人才积极走出去参与国际交流合作，下放科技人才出国学术交流的审批权，不再报经政府部门审批而由用人主体自主审定，取消参照公务员的访问天数、国家数量的限定，减少过渡性审查，激活国际科技交流合作蓬勃开展。

5. 三项重点改革要上下联动协调系统推进

深化改革能否明显见效，是深入实施新时代人才强国战略成败的关键，也是推动实施的强大动力、有效途径和有力保证。习近平总书记指出的向用人主体授权、积极为人才松绑、完善人才评价体系三个要害问题，点中了当前人才管理体制弊端的病灶、靶点，抓住了深化改革的“牛鼻子”。改革“破得不够、立得也不够”，深刻警醒我们新一轮的深化改革必须以刮骨疗毒的气魄动真格、抓到位。

（1）向用人单位授权必须真放权、授到位。要改变行政部门包揽事务太宽、管得过多过细的宏观管理方式，不要在职称评定、岗位聘任、项目立项、收入分配等方面一竿子插到底，事事报告审批。习近平总书记向政府部门及用人单位提出明确要求，根据需要和实际向用人主体充分授权，真授、授到位。行政部门应该下放的权力都要下放，用人单位可以自己决定的事情都应该由用人单位决定，发挥用人主体在人才培养、引进、使用中的积极作用。

一是大幅下放科技项目立项权，扭转竞争性项目过多过滥问题，对重大战略性基础性科研项目主要授权国家实验室及相关全国实验室承担，以预算拨款支持为主，稳定支持、科学考评。二是把职称评定权真正下放到用人主体，清理修改国发相关文件规定，国家只提出指导原则，不搞统管全国的标准和指标限制，把权限下放到用人主体自行决定，从根源上破除“四唯”。三是科技人才出境参加学术活动或邀请海外人才来华参加学术交流，不再报经政府部门审批而由用人主体自主审定。这些硬性要求的落实，将促进政府部门新一轮“放管服”改革，加速政府职能进一步转变，从事必躬亲的事务管理转变为高效服务和监督。从而通过放权，激发用人单位的活力和主观能动性，为用好用活人才、高效开展科技创新活动提供保障。

（2）聚焦给人才松绑，推动用人主体改革到位。长期以来，一些部门和单位习惯把人才管住，许多政策措施还是着眼于管，而在服务、支持、激励等方面措施不多、方法不灵。要遵循人才成长规律和科研规律，进一步破除“官本位”、行政化的传统思维，不能简单套用行政管理的办法对待科研工作，不能像管行政干部那样管科研人才。习近平总书记切中时弊的指示，铿锵有力，直击当前我国科研生态环境不优的病根。落实落地关键在基层，要抓住去行政化这一要害，强化“不能像管行政干部那样管科研人才”刚性约束，改革破除“最后一公里”的障碍和“肠梗阻”，打碎“官本位”禁锢，把人才从科研管理的各种形式主义、官僚主义的束缚中解放出来，形成创新激情竞相迸发的人才发展宽松环境。要压实用人主体的落实责任，把习近平总书记指示落地见效作为加强基层党的领导和党的建设的重中之重，严防“念歪真经”，防止下放的权力被滥用，变相以种种名目干扰科研等学术活动。确保放下来的权力更多地授予科研团队。“赋予科学家及团队更大技术路线决定权、资金支配权、资源调度权”“确保每周五天时间用于科研，让人才静心做学问搞科研”等具体要求的落地见效，作为硬性指标督察考核和问责。

（3）完善人才评价体系要先破后立。人才评价体系不合理，是人才发展体制机制中需久治的突出问题。这些年“四唯”（唯论文、唯职称、唯学历、唯奖项）现象泛滥、人才“帽子”满天飞，滋长急功近利、浮躁浮夸等不良风气，习近平总书记讲出了广大科技人才的心声。加快建立以创新价值、能力、贡献为导向的人才评价体系，基础前沿研究突出原创导向，社会公益性研究突出需求导向，应用技术开发和成果转化评价突出市场导向，形成并实施有利于科技人才潜心研究和创新的评价体系。习近平总书记给出了“破旧立新”的现实解决方案。“破”的重点，一是不再以政府部门为主导统管全国各行各业的职称评聘，不再搞统一标准、分配指标，而是提出原则要求，把具体标准、指标数量确定等权利和责任全部下放到用人主体。二是废除政府部门和用人主体与“四唯”相关的政策规定，坚决纠正简单以学术头衔、人才称号确定薪酬待遇、配置学术资源的错误倾向，大幅减少“帽子”导向，明确提出任人唯贤、激励真才实学的人才脱颖而出的原则要求。“立”的重点就是在完善诚信体系的前提下，加强同行评议、智能测评等评价方法的客观性、公正性、科学性，对失信者从法律、行政、学术道德等方面进行严惩，形成并实施有利于科技人才潜心研究和创新的评价体系。

6. 发挥人才发展改革综合试点的示范作用

（1）采用特区模式加快人才发展综合改革试点，形成一批世界高端人才高地建设的“领头雁”。在习近平总书记讲话中提到的北京、上海、粤港澳大湾区及中心城市中，优选一批具有国际影响力的一流学科，以特区模式探路，在深化科教融合等人才发展综合改革、建立“四个机制”（即有利于人才成长的培养机制、有利于人尽其才的使用机制、有利于人才各展其能的激励机制、有利于人才脱颖而出的竞争机制）上先行先试，赋予更大的改革探索自主权。

（2）选择一批一流大学开展综合改革试点。加大高水平人才自主培养力度，大学至为关键。前一个时期，大学合并、扩招，加强了普惠性高等教育，削弱了对高水平人才的重点培养，即精英培养。美国作为世界科学和人才中心，上游的科研工作和人才培养重点集中在一流大学。我国近年来重视世界一流大学和学科的建设，应抓住机遇，加大教育改革力度，把强化科技教育融合作为重点。大幅增加重点大学的科研编制，赋予其准予科技领军人才牵头建立研发平台、实行扁平化管理的自主权，增大其引进海内外尖子人才、招收博士、博士后的自主权和指标，鼓励引进一批海外高水平教授帮助培养人才。在国家科研基地和重大项目建设方面倾斜支持，推进一批双一流大学在十多年时间里，在拥有世界级科学家的数量和培养世界高水平青年领军人才方面比肩美欧一流大学。把中国科学院下属三所大学（中国科学技术大学、中国科学院大学、上海科技大学）列入科教融合的改革试点，开展调整组织结构、加强院系与所的深度合作，逐步把一些相关的研究所纳入大学管理。强化高水平战略人才培养功能，增加博士招收名额，打造国际一流研究型大学。通过深化科教融合的综合改革，率先形成凝聚世界一流科学家的人才和创新高地，以此来创造经验、做出示范。

（3）支持中国科学院和新建国家实验室综合改革。这些国家高水平科研基地和平台，高水平领军人才和学术尖子人才荟萃。中国科学院有较好的改革基础，国家实验室是新建单位，这些国家高水平基地的去行政化改革相对容易推进。而且，其科研水平与世界一流科技机构相距不大，经过若干年努力，有望跻身世界前列。

（4）加大对新型科技组织的政策支持力度，打造国家应用战略科技力量发展的新赛道。包括非企业新研发机构、以自主研发为基础的科技企业、大民营企业的研发机构、大学科研机构新机制运营的科研组织等的新科技组织，全国已超万家。他们是我国“四个面向”自主创新的生力军，没有传统体制的条条框框，自主性强，在前沿、高端科技领域集聚大批优秀中青年研发人才，成为自立自强的有生力量，是“专精特新”企业的主力，他们多是以科技精英牵头或参与的，机制灵活、创新活力强。鼓励支持海外归国留学人员、体制内科技人才创办新兴科技机构，赋予其更大自主权、更高业务自由度。加强政策支持引导和服务，在技术职称评聘、科技项目申请竞争、实验室等科研平台投资、国家奖励申评、院士评审等方面，与国有机构一视同仁。

在深化综合改革中，推进政府和民间骨干并举，建立自主创新的多条赛道，形成多元竞争协同的布局，注重平台基地多元化、创新团队模式多样化，逐步形成国家战略科技力量多元协同创新体系，构建通融共享、特长互补、良性竞争、集成高效的协同创新机制，强化国家战略科技力量的系统效能，尽早补齐前沿高端领域科技领军人才、尖子人才不足的短板。

7. 加强对落地见效的领导和检查督导

加强各级党组织对新时代人才强国战略任务贯彻落实的领导，明确各级领导特别是主要领导的主体责任和分管领导的具体责任。强化人才工作领导小组办公室的统筹协调和督查职能，各地方和部门要结合自身实际，对标讲话要求和人才发展“十四五”规划，要因地制宜，深入排查自身存在的突出问题，列出清单、时间表，建立进度台账，分解研究具体配套落实措施，扎实梯次推进。以“钉钉子”精神、抓铁有痕的作风抓落地落实，锲而不舍发力，久久为功见实效。切忌坐而论道，以文件落实文件，以表态代替行动，搞形形色色的形式主义。

强化组织保证，压实各方责任。强化相关业务部门改革放权和政策推动的职责。特别是发展改革委、财政等综合部门应把激励政策的投资、财政税收政策落实到位，教育、科技、人事部门改革任务重、难度大，更要坚持问题导向，摈弃部门利益，找准突出问题症结和根源，选准切入点，既加大整治力度又循序渐进，逐步深入见效。加强部门间统筹协调，不推诿扯皮，不回避责任；加强配套政策的可操作性和相互协调，增强配套政策助推落实的效力。加强对落实的督查考评，建立科技人才参与评议改革成效的机制，持之以恒，一抓到底。

调动用人主体落实落地的积极能动性，压实其作为落实主体的责任。基层党组织要把结合本单位实际落实习近平总书记指示和中央部署，作为加强党的领导和党的建设的重中之重，当作最重要的政治任务，切实履行好主体责任，用不好授权、履责不到位的要问责。特别是领导好推进本单位的人才管理体制改革和政策落地，不折不扣地落实好给科技人才松绑的要求，党委不能越俎代庖，包揽太多太细的事务，不能像管党政干部那样管科研人才，不能以政治学习、社会活动为名干扰挤占科研人才业务时间。正如邓小平同志在全国科学大会上强调必须保证科技人员一周至少有六分之五的时间用于业务工作。加快建立以创新价值、能力、贡献为导向的人才评价体系，激发广大人才参与改革、助推落实的热情，调动科研人才创新创造积极性。

发挥好人民政协民主监督参政协商职能。全国政协委员特别是 700 多名出身科技工作者的委员，多是科技领军人才、领导管理者和学科技术带头人。在凝聚广大科技工作者共识、团结大家投身深入实施新时代人才强国战略的实践上具有独特优势。要进一步凝聚共识，汇聚力量。以身作则、身体力行，积极参与新时代人才强国战略的落实，重点围绕如何落实落地建言议政，深入调查研究，摸清落实中存在的问题、难点和堵点。针对解决问题广泛征求意见，集中大家智慧提出解决建议。把战略实施作为人民政协民主监督的重点，全过程监督和阶段性监督结合，平时监督与专题调研监督结合，监督落实措施、实施进度和效果，助推落实见效。

第二章
世界科学和人才中心的形成及启示

为深入理解习近平总书记关于“加快建设世界重要人才中心和创新高地”的指示精神，根据历史上科学革命、工业革命发展规律，研究分析世界科学中心的形成、转移、功能特点和作用。总体来看，世界科学中心是由科学革命主发源地或重大科学突破的主要集中地形成的。世界科学中心与人才中心密切相关，一定是科技前沿的优秀科学大师和领军人才的集中地。这里，我们从人类科学革命演进及近现代科技体系发展这一主线，来探讨世界科学中心是怎样形成的，它的功能作用和特征是什么。

一、欧洲作为世界科学中心的历史沿革

科学是人类认识自然界规律的知识体系，技术是人类改造自然的手段。原始社会时期，人类最初使用石器和火等原始技术就

成为求生存和发展的必要手段。科学萌发于远古时代，中国、古巴比伦、古埃及、古印度等古老文明都出现了科学的萌芽，但是一直到17世纪前，科学都与宗教、哲学等混在一起，自然观也有唯神论、唯心主义等伪科学成分。16世纪上半叶，以哥白尼《天体运行论》为标志拉开科学革命的序幕，在伽利略等科学家工作的基础上，牛顿集大成形成了近代科学体系的框架，科学史上称以伽利略、牛顿为代表的近代科学体系取代了以托勒密、亚里士多德为代表的古代科学体系。

1. 文艺复兴推动意大利成为近代科学先驱

14—16世纪意大利文艺复兴运动，为近代科学兴起创造了文化和制度的有益环境。政教合一的罗马教廷，垄断了文化和科学知识。商业资本的庞大力量使得罗马帝国以后世俗力量和宗教力量的对比首次向世俗方向倾斜，意大利佛罗伦萨、热那亚、威尼斯等地在欧洲最早产生资本主义萌芽，这几个城市成为意大利乃至整个欧洲文艺复兴的发源地和最大中心。作为文艺复兴先驱，以诗人但丁为代表的诗人、作家创作了《神曲》《歌集》《十日谈》等充满世俗风格和人文主义的诗歌、散文作品。达·芬奇、拉斐尔、米开朗基罗等一批艺术家，他们的艺术水平在体现人文主义思想和掌握现实主义手法上都达到新的高度，他们强调人的“自由意志”，反对封建教会宣扬的宗教宿命论，歌颂有远大抱负和坚毅刚强的英雄豪杰，带来了新的人文主义思想的曙光。达·芬奇精湛的艺术创作又与广博的科学研究密切结合，凡各种写实表现无不体现其科学技术的基础。他在许多学科都有重大发现，在解剖学、生理学、地质学、植物学、应用技术和机械设计方面建树尤多，被誉为许多现代发明的先驱。文艺复兴时期的建筑，包括巴洛克建筑和古典主义建筑，在文艺复兴运动中都占有重要的地位。实质是对神权至上的哥特式建筑的否定和现实主义的创新，同时也推动社会真正出现了建筑这个行业。文艺复兴运动弘扬了资产阶级思想和文化，倡导重视人的自由意志，启蒙思想解放，标志着中世纪封建社会的终结和近代资本主义纪元的开端，它从意大利逐步向西欧各国广泛传播，得到高度发展。文艺复兴运动打破了宗教思想桎梏，为科学发展带来了良好社会文化氛围和精神动力。意大利的科学进步正是伴随着文艺复兴运动而兴起的，推动了工业、贸易的巨大发展。

16 世纪，第一次科学革命首先在意大利开启，天文学研究开始进入科学轨道，是科学中心形成的起点。哥白尼（1473—1543），波兰人，1496—1506 年在意大利留学十年，深受文艺复兴运动的影响。他曾回到波兰当医生，但作为天文学爱好者，于 40 岁时提出了“日心说”学说，20 多年后其著作《天体运行论》出版，彻底打破了统治世界多年的“地心学”的宗教史观，开启了唯物主义宇宙观、自然观，也真正开启了近代科学之门，故以“哥白尼革命”彪炳史册。布鲁诺（1548—1600），意大利思想家、自然科学家，出版专著《论无限宇宙和世界》，勇敢地捍卫和发展了哥白尼的“日心说”，并把它传遍欧洲，成为真理的殉道者。

哥白尼去世 20 多年后，伽利略（1564—1642）在意大利比萨出生，正赶上欧洲的文艺复兴时期。17 岁时，他被父亲送进比萨大学学医，两年后，伽利略却对欧几里得几何学和阿基米德的物理学感兴趣，于 25 岁获比萨大学教授职位。1609 年，伽利略造出一个 32 倍的望远镜，继续从事天文学和物理学研究，科学观测使他明确赞同哥白尼的学说。此外，他还对物理实验十分着迷，进行单摆实验、斜面实验、自由落体实验等，他对动力学进行了深入研究，首先建立了匀速运动、匀加速运动、重力和自由落体、惯性体系等概念，在 1634 年出版的《两门新科学》著作中系统论述了相关动力学理论，颠覆了古希腊亚里士多德的运动理论。他的著作——《关于托勒密和哥白尼两大世界体系的对话》于 1632 年问世，他的观点激怒了罗马教会。教会判他终身监禁，直到 1642 年年初去世。伽利略为支持哥白尼、为科学和真理付出了代价。作为伽利略的学生和助手，托里拆利（1608—1647）接替伽利略任佛罗伦萨科学院的物理学和数学教授，并被任命为宫廷首席数学家，对真空理论进行了开创性的研究，将伽利略气体温度计改为液体温度计，后又发明了水银气压计，成为近代流体力学的奠基人。维萨里（1514—1564），著名医生、解剖学家，近代人体解剖学的创始人，为血液循环的发现和近代医学发展开辟了道路。斯帕拉捷（1729—1799），意大利生理学家，对动物的血液循环系统进行了深入的研究，对蝙蝠的研究为超声波提供了理论依据。1780 年，意大利的伽伐尼、伏特用化学方法产生电流。

与伽利略同时代的其他国家的一些科学家也为科学革命做出了积极贡献，如法国数学家、物理学家、哲学家笛卡尔（1596—

1650），于 1637 年提出了数学基础工具——坐标系后，创立了解析几何学，在力学等物理学方面也有开创性建树。德国天文学家开普勒（1571—1630）于 1596 年出版以哥白尼思想为基础框架的首批专著《宇宙的奥秘》，并否定了行星运动都是圆形运动之说，提出了行星运动三定律。意大利物理学家托里拆利，法国数学家和物理学家帕斯卡（1623—1662），德国物理学家盖里克（1602—1686），英国物理学家、化学家波义耳（1627—1691）等，通过大气压、真空测定等实验，把流体力学研究提高到与固体力学同样高的水平。

2. 英国成为近代世界科学中心

15 世纪末到 17 世纪初，随着英国海外贸易的发展和原始资本的积累，英国的资本主义迅速发展，传统的农业经济取得了很大的发展。这一时期另一个显著特征是，由于羊毛价格的上涨，在英格兰许多地区出现了“羊吃人”的圈地运动，剥夺了大量农民的土地，大部分的土地变成了牧场，农民失去土地后只得投入其他产业，进而为工商业提供了大量的劳动力。英国文艺复兴的思想解放动摇了专制统治的精神支柱。资本主义的发展促使富裕阶层、新贵族成长，他们同资产阶级有着共同的利益，他们要求政治权利，欲望膨胀，经济上主张发展市场经济。但 17 世纪时，斯图亚特王朝厉行专制统治，严重触犯了资产阶级的利益，宗教专制政策也进一步激化了阶级矛盾，最终导致 1640 年英国资产阶级革命的爆发。几经曲折反复，1688 年议会反动派发动宫廷政变（又称光荣革命）推翻斯图亚特王朝，标志着英国革命的结束，

1689 年的《权利法案》使英国确立了君主立宪制。英国革命是人类历史上民主制度对专制制度的一次重大胜利，为英国资本主义迅速发展扫清了障碍，也是世界近代史的开端。英国革命后，国内政治出现了长期稳定的局面，为科学繁荣和经济发展创造了良好的环境，为英国进行科学革命、工业革命和成为世界科学中心、工业强国创造了条件。

英国引领世界科学革命的旗手无疑是划时代的科学巨匠牛顿。在牛顿之前，几乎与伽利略同时期，英国科学发展已经具备良好基础。如，弗朗西斯·培根（1561—1626），英国文艺复兴时期的散文家、唯物主义哲学家、实验科学的创始人。他既是近代归纳法的创始人，又是给科学研究程序进行逻辑组织化的先驱，主要著作有《新工具》《论科学的增进》。威廉·吉尔伯特（1544—1603），著名医生、物理学家，作为医生却对物理学产生极大兴趣，1600 年出版了专著《论磁》，提出磁针指向南北极方向，通过磁力研究提出了质量、力等概念，为牛顿物理学的形成做出贡献，他是最早研究磁与电的科学家。威廉·哈维（1578—1657），著名医生、生理学家，对动物的血液循环系统进行了系统研究，创立了血液循环理论。

被称为伟大科学家的艾萨克·牛顿（1642—1727），将伽利略以来一个世纪的物理学研究成果综合集成发展，形成了近代科学体系的架构。1687 年，牛顿出版了里程碑式的科学著作《自然哲学的数学原理》，从数学、物理学、天文学等多领域阐述了一系列科学原理，如微积分、牛顿力学三定律、万有引力定律等，开辟了全新的宇宙体系，确立了新的科学范式，创立了新的自然观，把第一次科学革命推向高潮。

与牛顿同时代的物理学家、生物学家，罗伯特·胡克（1635—1703），创立弹性定律，是固体力学的奠基人，发明了新型显微镜和望远镜。戈特弗里德·威廉·莱布尼茨（1646—1716），德国数学家、哲学家，与牛顿一起创立微积分。罗伯特·波义耳（1627—1691），物理学家、化学家，发现压强与体积成反比的波义耳定律，被公认为流体力学、近代化学的奠基人……

与伽利略在意大利科学界独树一帜不同，17 世纪后英国科学界多学科突破，开始走向全面发展繁荣，世界级先驱型科学家相继涌现，大师林立。1660 年成立的英国皇家学会，是世界上最古老而从未中断过的古老科学学会。胡克、波义耳等都是学会发起人，牛顿自 1703 年开始，担任会长 24 年。这一科学组织与众多大学一起，标志着英国科学研究走向组织化、体系化。

18 世纪中叶，在第一次科学革命和资产阶级革命的推动下，第一次工业革命以技术革命为先导在英国兴起。第一次的技术革命始于工作机发明，而以动力革命为标志。1733 年，机械师凯伊发明了“飞梭”，大大提高了织布的速度。1765 年，织工哈格里夫斯发明了“珍妮纺纱机”。“珍妮纺纱机”的出现首先在棉纺织业引发了发明机器，进行技术革新的连锁反应，揭开了工业革命的序幕。从此，在棉纺织业中出现了螺机、水力织布机等先进机器。不久，在采煤、冶金等许多工业部门，也都陆续有了机器生产。随着机器生产越来越多，原有的动力如畜力、水力和风力等已经无法满足需要。1785 年，瓦特制成的改良型蒸汽机首先在纺织部门投入使用，提供了更加便利的动力，得到迅速推广，大大推动了机器的普及和发展。人类社会由此进入了“蒸汽动力时代”。1814 年，斯蒂芬森发明了蒸汽机车……

1840 年前后，英国的大机器生产已基本取代了手工生产，工业革命基本完成，成为世界上第一个工业国家。作为第一次科学革命和第一次技术革命的主发源地，英国成为世界科学中心的地位十分突出。而科学中心作为经济社会发展的“发动机”，驱动着英国成为世界经济强国和军事强国，综合国力跃居世界首位，开启了辉煌时代。

这里需要指出英国与意大利另一点不同的是，英国科学领先的地位延续到 20 世纪。今天，一批科学大师仍是世界科学前沿的开拓者、领跑者。英国 18 世纪至 20 世纪初著名的科学大师如下。

亨利 · 卡文迪许（1731—1810），在化学、电学研究方面做出重要贡献。迈克尔 · 法拉第（1791—1867），物理学家，发现并创立电磁感应定律，被称为“电学之父”和“交流电之父”。詹姆斯 · 克拉克 · 麦克斯韦（1831—1879），是电磁学集大成者，现代电磁学的奠基人。约翰 · 道尔顿（1766—1844），化学家、物理学家，原子理论的提出者，关于元素和原子发现，奠定了物理学、化学的基础。查尔斯 · 达尔文在航海考察基础上，于 1840—1844 年撰写《物种起源问题论著提纲》。1859 年出版《物种起源》，阐释了在自然选择作用下的物种进化规律。托马斯 · 亨利·赫胥黎（1825—1895），推进了达尔文进化论的完善和进步。1831年英国植物学家布朗发现花粉颗粒细胞里的细胞核。1928年，弗莱明发现了青霉素。再如，卡文迪许实验室（即剑桥大学的物理系），由电磁学之父麦克斯韦于1871年创立，1874年建成实验室，1904—1989年的85年间一共产生了29位诺贝尔奖得主，其中，汤姆逊——电子发现者，卢瑟福——发现原子结构、原子核、质子，沃森、克里克——DNA双螺旋结构发现者等世界科学大师都曾在那里工作。

3. 法国乘势跃居为世界科学中心

1789年，法国爆发了大革命，废除了封建统治阶级的特权，为资本主义的工业化扫除了障碍。拿破仑当政后，十分重视科学技术的发展，为法国的工业革命创造了条件。法国在第一次科学革命之初就有了较好的研究基础和氛围，如法国数学家、物理学家、哲学家笛卡尔（1596—1650），于1637年提出了数学基础工具——坐标系，创立了解析几何，将其用于光学研究，对折射定律做出理论推证。在其专著《哲学原理》中提出的第一、第二自然定律，首次完整提出惯性定律、动量守恒定律。法国的文艺复兴和大革命为科学的发展繁荣提供了制度优势。费马（1601—1665），数学家，被誉为17世纪数学家中最多产的明星。在解析几何、概率论、微积分、数论等方面均取得了开创性成就，他独立于笛卡尔创立解析几何，微积分中建立了求切线、求极大值和极小值以及定积分方法，数论中提出费马大定理，在光学研究中突出的贡献是提出最小作用原理。帕斯卡（1623—1662），数学家、物理学家，提出帕斯卡定律，发现了大气压强随着高度变化的规律，大气压的计量单位也以他的名字命名；他与费马一起，奠定了概率论基础；研究圆锥曲线，提出著名的帕斯卡定理。法国的达朗贝尔在发展分析力学方面做了奠基性工作。

法国对英国的赶超不是在经典物理学研究领域的追赶，而是换道超车、独辟蹊径。

在化学和热力学等领域领先。拉瓦锡（1743—1794），担当了科学领袖的角色，他研究燃烧否定了燃素说，得出燃烧即氧化现象，指出水由氢、氧结合而成；提出元素理论，列出已认知的 23 种元素；1787 年，合作出版《化学命名法》，1789 年出版《化学纲要》，氧化理论、化学任务是将自然界物质分解成基本元素，将化学反应过程写成代数式，计算实验相互验证；化学反应过程中质量守恒等，被誉为化学中的牛顿、近代化学之父。法国物理学家卡诺（1796—1832），著有《关于火的动力思考》，提出理想热机理论，从理论上阐明热机运行过程，建立热力学原理，提出卡诺循环理论；热力学第一定律——能量守恒与转化定律。法国化学家巴斯德（1822—1895），从研究发酵过程的微观机制，发现微生物在发酵过程中的关键作用，创立了微生物理论，发明了巴氏灭菌法，从细菌学发展到免疫学。在化学领域，居里夫妇 1898 年发现两个新放射性元素——镭和钋，并于 1911 年获得诺贝尔化学奖。

在天文学、数学方面，拉格朗日（1736—1813），法国籍意大利裔数学家和天文学家。他在数学、物理和天文学等领域做出了很多重大的贡献，其中尤以数学方面的成就最为突出，提出著名的拉格朗日中值定理，创立了拉格朗日力学等。拉普拉斯（1749—1827），法国著名的天文学家和数学家，天体力学的集大成者，1812 年发表了重要的《概率分析理论》。他在研究天体问题的过程中，创造和发展了许多数学的方法，以他的名字命名的拉普拉斯变换、拉普拉斯定理和拉普拉斯方程，在科学技术的各个领域有着广泛的应用。数学家、物理学家傅里叶（1768—1830），提出的“傅里叶变换”“傅里叶分析”等应用于多个领域，在热流、波的数学表达、温室效应等领域也都有重大学术建树。

在电磁学领域，法国杜费 1733 年发现所有物体均可摩擦带电，并发现了正、负电荷。物理学家库仑（1736—1806），发现测量电荷的方法，提出了库仑定律，并研究电磁相关性。他的名字被作为电荷量的单位。1820 年，法国物理学家安培（1775—1836），发现电流内部电流方向从负极到正极，提出了安培定律，两电流源之间作用力与距离平方成反比，构成电动力学基础。电流的国际单位以他的名字命名。

在光学领域，法国也处于科学前沿地位。1809 年，法国马吕斯发现光在双折射时的偏振现象，纵波不产生偏振，否定了波动说。1815 年，法国物理学家菲涅尔研究光衍射现象，提出光干涉原理，并独立提出光的波动理论。1849 年，法国斐索利用旋转齿轮测定了光速。

在生物学领域，居维叶（1769—1832），将古生物学建立在经验主义牢固根基上，提出了生物的灾变说，被誉为古生物学的奠基者。生理学家马让迪（1783—1855），通过一组实验研究了神经系统功能。他的学生巴纳德（1813—1878），被誉为现代生理学的真正创建者。

19世纪起，法国工业革命的进程加快。到19世纪中叶，法国工业革命已基本完成，成为当时仅次于英国的工业国家。受诸多因素的影响，法国企业经营分散，新技术、新机器的发明和推广比较困难，工业劳动力和工业资本相对缺乏，商品市场也不景气，在一定程度上阻碍了法国工业革命的发展进程，使其在第二次工业革命中明显落后。虽然其科学研究水平依然处于世界前列，但科学中心逐步转移到德国。

4. 德国率先开启第二次工业革命，且成为科学中心

德国是产生哲学家、思想家的沃土。马克思、恩格斯、康德、黑格尔等影响人类历史进程的巨人诞生在这里。英国、法国的科学革命和技术革命浪潮推动着德国崛起。最震惊世界的是19世纪中叶，德国成为第二次工业革命的开启者。德国实质是第一次机械化和第二次电气化、内燃动力工业革命交叉重叠推进。1866年，德国工程师西门子发明了世界上第一台直流电机。1887年，德国科学家赫兹首先用实验证实了电磁波的存在。利用这种电磁波，建立无线电通信的业务，开启近代电信事业的发展。1879年，德国工程师卡尔·本茨，首次试验成功一台二冲程试验性发动机。1883年10月，他创立了本茨公司和莱茵煤气发动机厂；1885年，他在曼海姆制成了第一辆本茨专利机动车，此车具备了现代汽车的一些基本特点；1893年，发明了以内燃机为动力的四轮车，标志着现代汽车工业的开始。19世纪90年代柴油机创制成功。内燃机的发明解决了交通工具的发动机问题。1864年德国工业家弗里德里希·西门子和威尔翰姆·西门子与法国人皮埃尔·马丁共同发明了平炉炼钢法，是19世纪后期和20世纪世界主要的炼钢技术之一。以苯胺紫等合成染料技术为先导，带动德国的染料、化学制药以及其他的化工产业得到了迅速的发展。内燃机的发明，推动了石油开采业的发展和石油化工工业的生产。在第二次工业革命中出现的新兴工业，如电力工业、化学工业、石油工业和汽车工业等都领先世界，大规模工业化的集中生产，垄断组织的相继出现，使企业的规模进一步扩大，劳动生产率进一步提高，资本主义经济发展的速度加快，德国综合实力大幅提升。

值得注意的是，两次工业革命的技术路径大不相同。在第一次工业革命时期，许多技术发明都来源于工匠的实践经验，科学和技术尚未真正结合。而在第二次工业革命时期，自然科学的新发展开始同工业生产紧密结合，科学在推动生产力发展方面发挥了更为重要的作用，它与技术的结合使德国在第二次工业革命中取得了巨大的成果。这一方面得益于德国善于吸收转化先进技术的能力，另一方面取决于其科学研究和技术发明的强大原创力。从19世纪中叶开始，德国就进入了科学与教育的辉煌时代，出现了一系列的重大科学突破和重大发明。世界科学和技术中心正在从英国、法国转向德国。

开普勒（1571—1630），与伽利略同时代的天文学家、物理学家、数学家，发现了行星运行的三大规律，即轨道定律、面积定律、周期定律，赢得了“天空立法者”的美名，对光学、数学也做出了重要贡献，是实验光学的奠基人。亚历山大·冯·洪堡（1769—1859），现代地理学和生态思维创始人，探索研究集中在其科学巨著《宇宙》中，被称为德国近代科学的先驱人物。在前沿、新兴科学领域，德国领跑的科学家越来越多。

在物理领域，高斯（1777—1855），德国数学家、天文学家和物理学家，在静电学、温差电和摩擦电的研究、磁场强度以及地磁场分布的理论研究中取得开创性的成就，高斯定理成为电磁学基础。他利用几何学知识研究光学系统近轴光线行为和成像，建立高斯光学。另外，他被誉为历史上伟大的数学家，和阿基米德、牛顿同享盛名，在数论、非欧几何、微分几何、超几何级数、复变函数论以及椭圆函数论等方面均有开创性贡献。1822 年后，德国科学家欧姆提出欧姆定律。1814 年，德国夫琅禾费发现并研究了太阳光谱中的吸收线，即夫琅禾费线。1859 年，德国基尔霍夫发现每一种单纯物质都有一特征光谱，光谱必有一条明亮谱线表征该物质，开创了光谱分析法，对鉴别化学物质有重大意义。1842 年，奥地利物理学家多普勒发现了“多普勒效应”，即观察者与光源相对运动，光的频率会发生变化，相互接近，频率升高，相互远离，频率降低。

在热力学领域，克劳修斯（1822—1888）对卡诺理想热机理论做了修正发展，即热机从高温热源吸取热量与其温度之比等于向低温热源所放热量与其温度之比，提出“熵”的概念和“熵增定律”。在化学领域，李比希（1803—1873），被誉为有机化学先驱，通过大量有机化合物的实验分析，研究涉及生命过程基础的碳及其化合物。创立了三大学说和有机化学定量分析法，发明了化肥。维勒（1800—1882），发明提取了有机酸的方法；从尿液中分离出尿素，冲破了有机与无机鸿沟。凯库勒（1829—1882），化学结构理论的主要创始人，最负盛名的发现是碳原子组成的苯结构。他们作为领军科学家，带动了德国有机化学研究和化工产业跃居领先地位。

在生物学领域，1838 年德国植物学家施莱登提出“植物发生论”，即植物体都是由细胞组成的，细胞核是细胞母体。1839 年德国生理学家施旺把细胞学说推广到动物界。两人几乎同时创立细胞学说，揭示所有生命组织在结构上由细胞组成，所有生命发生从细胞开始。该学说在生命科学上显示了强大生命力。

1848 年德国生物学家微耳和建立细胞病理学，揭示疾病细胞由健康细胞演变而来。实验生理学创立，揭示所有生命均有其物理和化学基础，建立了生命科学与传统物理化学的联系，否定了“活力论”。魏斯曼（1834—1914），证明了遗传只能通过精子、卵子，而非人体细胞，被誉为自达尔文之后最重要的进化生物学家。

19 世纪末到 20 世纪初，德国在现代物理学领域诞生了一批世界级的科学巨匠，成为第二次科学革命的领军团队。波恩哈德·黎曼（1826—1866），德国数学家，他在数学分析和微分几何方面做出过重要贡献，开创了黎曼几何，为后来爱因斯坦的广义相对论提供了数学基础。马克斯·普朗克（1858—1947）研究辐射分布定律，是第一个将能量量子概念引进物理学的人，是爱因斯坦相对论的得力支持者。马克斯·玻恩（1882—1970），是德国犹太裔理论物理学家、量子力学奠基人之一，因对量子力学的基础性研究，尤其是对波函数的统计学诠释而获得 1954 年的诺贝尔物理学奖。他的女学生，玛利亚·格佩特－梅耶（1906—1972）是一位理论物理学家，1930 年移居美国，后成为诺贝尔奖获得者。1938 年，德国科学家奥托·哈恩和弗里茨·施特拉斯曼在实验中发现了核裂变现象。

当代最伟大的科学天才爱因斯坦（1879—1955）无疑是第二次科学革命的旗手。他出生于德国乌尔姆市的一个犹太人家庭。1905 年，爱因斯坦获苏黎世大学物理学博士学位，并提出光子假说，成功解释了光电效应（因此获得 1921 年诺贝尔物理学奖）；同年创立狭义相对论，1915 年创立广义相对论，1933 年移居美国，在普林斯顿高等研究院任职。

截至 1933 年，德国共有 32 名诺贝尔奖获得者，而当时的美国只有 5 名。正当德国科技辉煌之时，希特勒上台推行种族主义政策，使得 50 万犹太人被迫流亡他乡，美国接收了这些难民中的四分之一，并给难民中的精英提供施展才华的环境，使得世界科学中心发生了一次洲际大转移，从德国到了美国。

5. 世界科学中心在欧洲 400 多年的辉煌历史

从哥白尼的《天体运行论》算起到第一次世界大战，欧洲作为世界科学和人才中心，引领着世界科学技术的发展。经历了第一次、第二次科学革命，形成了近现代科学体系，开启了第一次、第二次工业革命，引领人类文明的巨大进步和历史性巨变。科学中心经历了从意大利向英国、法国、德国的转移。科学中心的形成过程，是科学技术进步不断加快、科技大突破和大师涌现不断增多的过程。尽管这些国家所处历史、文化、社会背景不同，但都担当着科技革命和发展的“领头雁”作用。虽各具特点和风采，但也有许多普遍性规律。

（1）科技革命与制度变革、“文化革命”相互影响促进。社会变革特别是制度变革为催生科学和技术革命创造了必要条件，“文化革命”则提供了适宜的土壤和氛围，而科技革命驱动了社会变革和发展及文化的进一步繁荣。

（2）科学中心的转移。选择新兴前沿的科学领域进行突破。换道超车，后来居上，引领着世界科技发展的潮流。一个科学家或科学家团队带动一个学科崛起是普遍规律。

（3）科学中心以知名大学研究机构为依托，建成了完整的科学实验观测的设施。形成了高层次人才培养、会聚、交流、合作的良好机制。

（4）科学中心与科学和技术革命同频共振发展，成为科学和技术革命的主要载体。特别是第二次工业革命后，科学技术与产业的结合日益紧密。往往技术革命与产业变革同步推进，科学革命成为技术革命的原动力。

（5）科学中心的转移并没有伴随国际科技人才迁移和聚集。4个不同历史时期的科学中心，主体是科学家和领军人才，他们中的绝大多数人是在世界科技发展中具有重要作用的国际大师、科学巨匠，但都是以本国人才为主，并没有伴随大量国际人才跨洲或跨国的流动。

值得探讨的是，在肯定欧洲内科学中心转移的同时，换个视角看，把欧洲整体视为延续400多年的世界科学中心。意大利、英国、法国、德国4个科学中心交互领先，促进欧洲科学的共同发展繁荣。当它们分别作为科学中心时，其他国家也涌现出世界级的科学领军人才和重大成果，甚至有的几乎同时做出类似的科学发现。新的科学中心有群体突破，繁荣辉煌之时，原有的科学中心仍有大批科学大师和世界级的成果相继问世。除了这4个国家，其他国家也相继涌现出一批世界级的大师和成果，如丹麦科学大师玻尔（1885—1962），他是与爱因斯坦齐名的物理学家，对量子力学创立做出突出贡献。瑞典的贝采利乌斯，是有机化学的奠基人之一。曾做过修道士的捷克的孟德尔通过研究豌豆发现了遗传学规律。奥地利的玻尔兹曼，发展了通过原子的性质来解释和预测物质的物理性质的统计力学。瑞士的丹尼尔·伯努利，将微积分方程运用于流体和气动力学研究，建立了分析流体动力学理论体系，提出了著名的伯努利原理和伯努利方程。1820年，丹麦的奥斯特研究电与磁的关系，发现电流产生磁力的方向与电流的方向垂直。俄罗斯的门捷列夫发现元素周期表。奥地利的薛定谔是量子力学的奠基人……

欧洲的人口、历史、文化的特点虽具多元化，但其实欧洲的面积、人口总量相当于一个大国。因此从世界大格局和历史纵深来看，在欧洲发生的4次科学中心转移，形成了科学发展的4个波峰，其包络线是欧洲版图，因此，20世纪以前，把欧洲整体作为世界科学和人才中心更便于理解。400 多年中，前 300 年世界科技发展相对缓慢，一直到 19 世纪后才开始加速。20 世纪后，世界科学中心转移到美国，欧洲世界科学中心的复兴梦一直是他们的梦想。欧盟建立后，首先进行了科技管理的整合，设立了欧盟共同科技计划，组织实施热核聚变实验装置、欧洲快中子对撞机、卫星导航伽利略计划等大科学工程，积极为恢复世界科学中心地位而不懈努力。

二、美国作为世界科学和人才中心的历史沿革

20 世纪初特别是第一次世界大战期间，世界科学中心开始了从欧洲向美国的跨洲转移，与欧洲内部的转移不同，大批顶尖科学家从欧洲等地向美国的迁移是科学中心转移的重要动因。第二次世界大战胜利后，美国成为名副其实的世界科学中心。世界科学中心和人才中心在美国形成，有内因更得益于外因；有历史客观规律，更有美国的运气。至今，美国作为百年历史的世界科技和人才中心，曾经的欧洲已不能与它同日而语，其在全球的影响力、吸引力、凝聚力远非历史上的欧洲所能比拟。研究探索美国科学中心形成的动因、运作机制、特点优势等对我们有很大的借鉴作用。

1. 美国建立了优于欧洲的更有利于创新的国家制度

美国的三大开国元勋中，杰斐逊和富兰克林都是科技文明素质较高的领导者，美国从独立战争胜利到建国，摆脱了英国殖民统治，1776 年通过世界第一部宪法，美国的资本主义民主体制比

当时英国的君主立宪制、法国的共和制等制度更先进。其次，南北战争中林肯举起“解放宣言”的旗帜，以废除奴隶制占领了道德制高点；国家统一、领土扩张到900多万平方千米，西部大开发，铁路大动脉建设等，激发了美国人追求自由和财富的梦想。美国是世界上第一个把专利权写入宪法的国家，法定发明权神圣不可侵犯。1790年颁布《专利法》，把科技立国作为建国国策。1800年，托马斯·杰斐逊当选美国第三任总统，他自诩是技术民主化代言人，并强调，科学在共和政体中比在其他政体中都重要，共和环境不仅特别适合科学和技术，而且这种结合有利于培养新的美国民族主义意识。他相信在民主国家灵活自主和变革是最有利于技术进步的条件；他关注应用科学提升人民生活质量的作用，致力于发展为民众谋福利的技术之理想，提出坚决捍卫将“实用”科学的独创性用于国家发展。杰斐逊在任总统期间积极支持发明活动，不仅批准了67个重大专利，而且自己也从事发明活动。

2. 与欧洲的一脉相承和密切联系使美国走了借势而上的捷径

1620年，第一批乘坐“五月花号”从英国到美国马萨诸塞海湾的百余名移民中，就有不少是知识人才、工匠等，之后众多精英人士移民美国。他们带来了中世纪欧洲的先进技术成果和技能，如方形大帆船、重型犁等，他们思想开放，容易接受欧洲的进步文明。1636年，哈佛大学在波士顿地区成立。生于波士顿的开国元勋之一富兰克林，在1774年就认为雷电、地电统一，并提出正电、负电概念，在发明避雷针等方面做出科技成就，并被称为美国第一位科学家。他于1731年在费城创立北美第一个图书馆，1749年创立宾夕法尼亚大学，是美国宪法起草人之一。美国的"开国一代"意识到，引进欧洲技术能帮助美国快速发展。美国独立战争胜利后，及时与欧洲重建关系，建立起科技交流的开放通道。如富兰克林多次往返并居住欧洲，担任美驻法大使、英国皇家学会院士、法兰西科学院外籍院士等。杰斐逊接替美驻法公使后，对学习欧洲先进知识和技术充满热情，与英、法等国的联系交流更加密切了。欧洲众多科技新成果畅通快捷地传播到美国，使美国站在科技巨人的肩膀上，能很好地学习借鉴。

3. 美国紧跟世界工业革命步伐并后来居上

以瓦特改进蒸汽机为标志，开启了欧洲第一次工业革命，美国的建国恰逢这一难得机遇。随着独立战争结束，美欧重建正常关系，渴望快速赶超英国辉煌的美国人意识到，必须用机器替代手工劳动，引进先进技术，以摆脱英国的控制，加快美国丰富资源的开发。生于特拉华的美国发明家奥利弗·埃文斯，于1785年发明了传输谷物和面粉的自动生产线，1802年，又改进发明高压蒸汽机。1800年前后，富尔顿等多位美国发明家建造了蒸汽船。1801年，后人称为"美国技术之父"的伊莱·惠特尼发明的可互换件（标准件）制造体系，是对现代技术体系建立最早的贡献之一。美国人着眼提高生产效率、重实用的机械化进程，使其很快在第一次工业革命中后期赶了上来，如蒸汽机应用、农业机械、日用机械、蒸汽机船运和火车、生产线方面已跃居前列。19世纪以后，美国工业革命迅速发展，涌现出许多发明成果，如轧棉机、缝纫机、拖拉机和轮船等，特别是采用和推广机器零件的标准化生产方式，大大促进了机器制造业的发展，推动了机器的普及。19 世纪中叶，美国基本完成了第一次工业革命。

第二次工业革命时期，美国人更是捷足先登，几乎与德国同步。美国敏捷地运用科学革命产生的电磁学、化学、热力学知识，学习欧洲的技术发明成果，呈现出创新的比较优势，如发明家兼企业家的爱迪生十分崇拜法拉第，获得白炽灯及照明系统、留声机、电影等发明专利。1885 年，在他 38 岁时就有 500 多项发明，一生有 1100 多项发明。另外亨利和摩尔斯发明电报机、贝尔发明电话等都促进了大众生活的变革。1903 年，莱特兄弟发明飞机。钢铁生产、煤炭开采、化工等领域生产技术水平跃居世界先进行列。1890 年，美国的专利授权量和钢铁、煤产量都处于领先地位。20 世纪 20 年代，以福特为代表的汽车制造业成为美国第一大产业……可以说在第二次工业革命时期，美国已与欧洲并驾齐驱。第二次世界大战后，第三次工业革命，使高技术群开始崛起，美国原创的电子计算机、互联网、核能、航天、航空、先进装备、生物和医药技术处于领先地位，成为名副其实的科技革命领头羊。

4. 两次世界大战中收获高端人才

在第一次世界大战结束后，美国就吸收了包括著名物理学家爱因斯坦、爱德华·特勒以及核物理学家恩利克·费米在内的多名犹太裔科学家。在第二次世界大战即将结束之时，美国动用 100 多架次飞机，派遣数千名随军科技专家组成一支特殊部队，奔赴战败国物色科技精英，使 2000 多名科学家流向美国。之后，美国利用发展繁荣优势，想方设法吸引世界高级人才。

5. 美国政府的政策产生了较大的全球人才吸引力

美国吸引全球人才尤其是高技能人才的独特能力是其重要竞争优势。美国政府通过总统行政命令和国会立法等方式，确立了完备的人才吸引战略与政策体系，为美国吸引了大量的优秀人才。1952 年，颁布的移民法是美国战后第一部强调技术移民的法律，规定一半以上的移民限额用于引进美国急需的、受过高等教育的有突出才能的各类人才。该法在 1965 年、1990 年又进行了修订补充，对世界级水准人才给予特殊政策。如，在博士后研究人员中，外籍人员比例从 1982 年的 38% 上升到 2002 年的 59%。在美国就业的所有博士学位获得者中，50% 出生在国外。在 1998—2005 年获得诺贝尔奖的美国人中，三分之一以上是在外国出生的。

6. 美国的科研生态环境发挥了世界优秀人才的虹吸效应

美国具有世界完善配套的学科布局，有着先进的科研平台、实验装备和大科学装备，大师云集，学术自由氛围浓厚，特别是创新文化，具有巨大的人才吸引力、凝聚力。另外，物质利益、荣誉地位等名利在吸引人才过程中也产生了很大的诱惑。

三、美国科学中心持续发展的关键要素及特征

1. 引领世界科技前沿的人才和成果

美国世界人才中心的形成始于其引进人才策略。从 20 世纪 20 年代开始，由欧洲极权主义和政治迫害而引发的欧洲人才流失在第二次世界大战结束之后仍在继续。第二次世界大战结束后，

北美的大学成为学习和研究欧洲的过去与未来的中心，这激励了许多欧洲人前往美国，有许多欧洲人在这些大学的院系中任职，他们之中有的人在美国永久定居。不仅知名科学家爱因斯坦受聘于普林斯顿大学，大多数流亡美国的作家、政治家和知识分子都与美国的大学或多或少有合作。即便当时大多数西欧国家的政治迫害已经结束，但所有欧洲国家已无经济实力与美国开展科学竞赛。欧洲的人才移民到美国，他们在那里不仅可以得到丰厚的报酬还能享有开展研究、学习知识所必需的条件，如鱼得水，于是很多人决定留在那里发展自己的事业。美国则继续敞开大门，向欧洲移民提供他们在原籍国缺乏的一切，包括经济激励和获得职业发展的机会。美国成为有才华和抱负的人青睐的目的地，他们也都在美国取得了不凡的职业成就。

科技人才有着很强的聚集效应。高水平人才集聚的越多，其影响力、吸引力、凝聚力越大，吸引全球的人才特别是青年俊才也越多。人才聚集引发的学术思想的碰撞激荡，所创造创新的能量也就越大，高水平科技成果产出也更丰硕。因此，欧洲高水平人才迁移美国，加快了世界科学和人才中心从欧洲转移到北美。欧洲及其他区域大量人才的转移，使美国很快登上了科学和技术的顶峰。1945 年，德国的三项诺贝尔科学奖得主中在世者只剩 14 名，而美国已经有 25 名。知识精英把德国学术体系中最先进的方法论和最严谨的学风带到了美国，奠定了美国在全世界科学教育上的领先地位。据有关统计，20 世纪，美国的诺贝尔奖获得者中有近 30% 来自欧洲，美国的科学研究和文化总体上也因来自欧洲的流亡者而受益匪浅。

从几项指标就可看出作为世界科学和人才中心所具备的实力：

（1）世界科技大奖获得者人数。据统计，自 20 世纪 30 年代起，美国诺贝尔奖获得者的数量就跃升到世界领先地位。其中有的年份的三项诺贝尔科学奖甚至被美国科学家包揽。截至 2021 年，美国已经有 399 人次获得了诺贝尔奖（按获奖时国籍与出生地计算），遥遥领先于世界其他国家。菲尔兹、沃尔夫等世界数学最高奖中，美国的数学家占 30% 以上。计算机图灵奖获得者中，美国的科学家（包括在美学校学习、工作过的）也超过 70%。

（2）“高被引”论文科学家数。根据国际权威评价机构汤森路透大数据库的统计分析，美国“高被引”科学家的数量和比例长期居世界之首，高时其比例约占全球的 50%（图 1、图 2）。即便我国近几年上升态势明显，但美国依然占 40% 左右。在世界“高被引”科学家排名前 19 位的大学科研机构中，美国的大学占一半左右，其中哈佛大学一直独占鳌头。

国内全球学者智库网站运用人工智能信息处理与数据挖掘技术在对全球学者亿级海量数据文献数据库进行分析研究基础上，生成了全球顶尖 10 万名科学家排名表，截至 2022 年 8 月 31 日，美国排名第一（40220 人），中国排名第二（9044 人）。

（3）重点科技领域核心发明专利数量。美国在当今发展和竞争的核心领域仍处在技术霸权地位。虽然近年来中国发明专利的申请量、授权量快速增长，在数量上已超过美国，但在重点领域核心专利的数量和专利影响力，仍然明显落后于美国。麦肯锡研

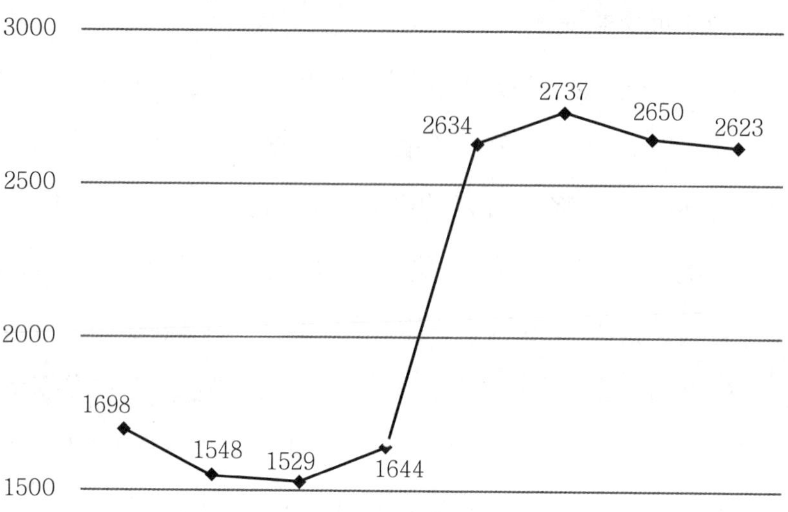

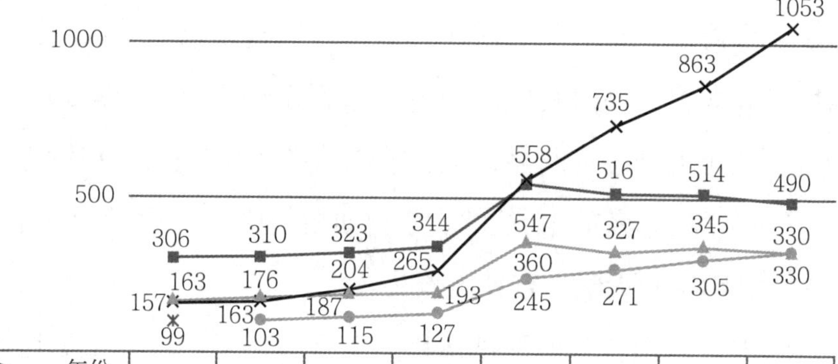

年份 国家	2014	2015	2016	2017	2018	2019	2020	2021
美国	1698	1548	1529	1644	2634	2737	2650	2623
英国	306	310	323	344	547	516	514	490
德国	163	176	187	193	360	327	345	330
中国	157	163	204	265	558	735	863	1053
日本	99							
澳大利亚		103	115	127	245	271	305	330

—◆— 美国 —■— 英国 —▲— 德国 —×— 中国 —✳— 日本 —●— 澳大利亚

图 1　2014—2021 年世界“高被引”科学家前五名国家（人数）

作者注：据网络公开资料整理，中国的数据中不含港、澳、台。

100.00%

75.00%

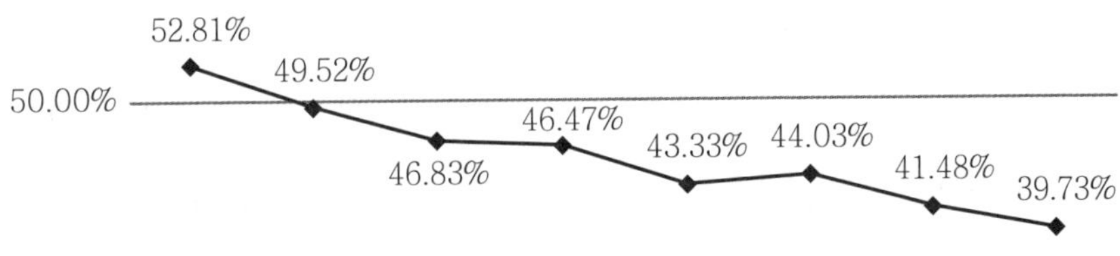

25.00%

国家＼年份	2014	2015	2016	2017	2018	2019	2020	2021
美国	52.81%	49.52%	46.83%	46.47%	43.33%	44.03%	41.48%	39.73%
英国	9.52%	9.92%	9.89%	9.72%	9.00%	8.30%	8.05%	7.42%
德国	5.07%	5.63%	5.73%	5.46%	5.92%	5.26%	5.40%	5.00%
中国	4.88%	5.21%	6.25%	7.49%	9.18%	11.82%	13.51%	15.95%
日本	3.08%							
澳大利亚		3.29%	3.52%	3.59%	4.03%	4.36%	4.77%	5.00%

美国　英国　德国　中国　日本　澳大利亚

图 2　2014—2021 年世界“高被引”科学家前五名国家（占比）

作者注：据网络公开资料整理，中国的数据中不含港、澳、台。

究报告提出，美国在生物技术、医药开发、互联网软件、电气设备等领域仍明显处于领先地位。以人工智能领域为例，中国发明专利的数量超过美国排在第一位，但在软件开发构架、人工智能芯片、基础核心算法等底层核心领域，位于前列的大多数是美国的企业。从总体上讲，在前沿技术核心和关键技术方面，美国仍然领先，中国与美国还有不小的差距。

（4）前沿科技领域的影响控制力。第二次世界大战后，美国一直保持科学和技术前沿发展的领先地位，引领推动第三次科技革命浪潮，在微电子、计算机、数字通信、自动化、核能、航天及空天科技、飞机制造、新材料、医疗装备、试验检测装备、生物技术等多个领域全面领跑。特别是在 20 世纪 70 年代之后，互联网的发明和应用驱动着信息革命的新浪潮，网络覆盖全球，形成信息地球村，数字化与工业化融合、学科间的交叉融合，对科研和创新模式、人类生产生活方式都带来颠覆式的变革，几十年科技成果产出的数量超过以往几个世纪。人类文明进步和世界的发展变化超过任何时代。

进入 21 世纪，尽管亚洲国家、欧洲国家等都在奋力追赶，在许多领域缩小了与美国的差距，但美国在生命科学、信息科技高端、人工智能、量子信息、创新药物、高端装备、太空科技、先进材料等前沿技术领域，以及在引力波等基础研究领域，仍然处于领跑位置。

（5）在国际科技组织的影响力、话语权。国际最权威的三大标准化机构（国际标准化组织 ISO，国际电工委员会 IEC，国际电信联盟 ITU），美国曾对其有很强的掌控力，虽然近年来其掌控力明显削弱，但仍有较大的话语权和影响力。

在上百个国际学术组织中，大都由美国科学家担任领导职务。仅总部设在美国的国际科技组织总部就有 900 多家，居各国之首。美国国内现有各类科技组织上千个，有的实际上已成长为颇有影响力的国际组织，如美国电气电子工程师协会（IEEE），已发展成一个国际性的电子技术与信息科学工程师的协会。IEEE 建会于 1963 年，总部在美国纽约市；在 150 多个国家中拥有 300 多个地方分会，拥有约 50 万名会员，专业上它有 35 个专业学会和 2 个联合会；拥有多种期刊、书籍，每年组织 300 多次专业会议，是该领域学术论文的权威性平台。IEEE 定义的标准在工业界有极大的影响力。它既是一个国际性非营利组织（ORG），也是一个专业技术组织，致力于电子电气技术相关的研究。它是世界上最大的专业技术组织。

2. 世界一流的研究开发基地（大学、实验室、企业研发机构、科研型企业、研究中心）

美国的高端科技人才大部分集中在大学，其中实力较强的多是来自常青藤大学。从研究课题类型看，多数课题为政府或社会资助研究、自选课题研究，也有不少是科学家及团队参与的政府重大科技项目。

从 20 世纪中叶起，美国的大学开始超越欧洲的大学，成为吸纳英才的中心。北美最好的大学比欧洲的大学财力更加雄厚，竞争力越来越强，它们打破了欧洲大陆普遍存在的政治、宗教、种族偏见，海纳百川，对所有人才开放。美国清楚如何利用时机，从 20 世纪 40 年代开始，美国的大学占据了国际大学排行榜的前几名，超过了大多数欧洲的大学。之后的几十年，美国的大学一直处于领先地位，从国际各相关评价机构的排名看，排名前 100 位中，美国的大学约占一半，而排名前 10 位中，一般有 7 ~ 8 所是美国的大学，甚至第一名基本是在美国的大学中轮换。美国的大学是科技尖端人才的主要聚集地。120 年来，全球获得诺贝尔奖最多的全球前十名大学中，美国占据 8 席，哈佛大学多年居于榜首。除英国剑桥大学排名第二、牛津大学排名第九之外，其余全是美国大学。截至 2021 年，哈佛大学共产生了 160 多位诺贝尔奖得主（世界第一）、18 位菲尔兹奖得主（世界第一）、14 位图灵奖得主（世界第四）。自从发布论文“高被引”科学家数量排名以来，在“高被引”科学家数量机构排名中，美国大学占据前 10 位中的 5 席以上，哈佛大学多年居于榜首，人数远超近年排名第二的中国科学院。

世界一流大学的科研实力来自其强大的专职科研队伍，特别是位于美国的世界一流大学。从这些大学高层次人才构成来看，科研人才占据绝大部分。以麻省理工学院为例，现有在校本科生 4000 多人、研究生 6000 多人。该校高级研究人员、高级项目管理人员、专职研究人员，占专职教师比例超过四分之三。以科研为主的教师比例不断增加，据该校 2009 年人力资源统计数据，专职教学（包括教学科研兼职）教师 1009 人，以科研为主的教师 4051 人，专职科研人员 1722 人（包括长期聘任的资助研究人员和短期聘任的学术研究人员）。

大学的研究中心是美国聚集高端人才的密集高地。这些中心多是处在交叉学科和科学前沿，而且由学科领军科学家领衔组建，甚至主要是因人而搭建的新科研平台。院系以学科为纵向体系，研究中心（实验室）则以横向交叉为特色，新的机构、新的运营管理体制摆脱了传统理念和管理模式的束缚，具有自由、宽松、民主的学术氛围和研究环境，充满活力、创新力。学科领域纵横交叉、融合，构成符合当今科技发展规律的立体研究系统。一些重大、重要的科学成就在研究中心取得，前沿和新兴领域的突破性成果多数来源于研究中心，大多数诺贝尔奖获得者在研究中心工作。比如麻省理工学院就拥有全球知名的多个研究中心，其中有三个尤其特别：

（1）林肯实验室。林肯实验室于 1951 年创建，是美国的大学第一个大规模、跨学科、多功能的技术研究开发实验室。其前身是麻省理工辐射实验室，后隶属美国国防部，由美国联邦政府投资、麻省理工学院负责运行管理，现有雇员 2400 多人。其基本使命是把高科技应用到涉及国家安全的危急问题上，是防空系统高级电子学研究的领先者，研究范围扩展到空间监控、卫星通信、导弹防御、战场监控、空中交通管制等领域。在一些基础研究上占有领先地位，如表面物理、固态物理以及有关材料、计算机图形学、数字信号理论等。

（2）计算机科学与人工智能实验室（CSAIL）。基于在计算机科学和人工智能研究和实践的几十年深厚积累，2003 年，麻省理工学院将计算机科学研究和人工智能实验室合并，成立了计算机科学与人工智能实验室。其研究领域涉及电气工程、计算机科学、数学、航空航天、脑和认知科学、机械工程、媒体艺术与科学，以及地球、大气和行星科学，横跨多个院系，成立 50 多个大研究组，参与数百个不同的前沿项目，拥有上千名研究人员（包括研究生）。在感知和捕捉技术、人工智能、包括软硬件的电脑系统、促进计算广泛性，实时性数学及相关理论研究等。

在此基础上，为占据人工智能发展、竞争的优势，2018 年 10 月，麻省理工学院花费 10 亿美元建设新的人工智能学院——麻省理工施瓦茨曼计算机学院，致力于将人工智能技术用于该校的所有研究领域。计算机科学与人工智能实验室，将成为其中的一部分。

（3）麻省理工学院媒体实验室（The MIT Media Lab）。由被誉为数字化之父的麻省理工学院教授尼葛洛庞帝和麻省理工学院前校长杰罗姆·威斯纳于 1985 年共同组建麻省理工学院媒体实验室。它被誉为走在社会发明最前端的黑科技实验室，聚集了全球顶尖的跨学科专家和人才。本着“传播与资讯通信科技终将汇聚合一”的愿景，研究有形的原子（atoms）与无形的位元（bits）为人类感官、知觉、互动科技整合带来的创新领域。时至今日，当年愿景逐一实现。实验室每年经费来自全球 100~150 个产业联盟会员。实验室成功地以每年 350 个研究计划的无疆界创新，为竞争激烈的产业提供愿景。实验室的研究范围为传媒技术、计算机、生物工程、纳米和人文科学。现已成立的研究小组有：分子计算机、量子计算机、纳米传感器、机器人、数字化行为、全息技术、模块化媒体、交互式电影、社会化媒体、数字化艺术、情感计算机、电子出版、认知科学与学习、手势与故事、有听觉的计算机、物理与媒体、未来的歌剧、软件代理、合成角色、可触摸媒体以及视觉和模型，等等。所有这些研究内容都属于新兴交叉学科的范畴，是具有前瞻性的创新研究。

卡内基梅隆大学在科技方面的学术成就非凡，在计算机科学、机器人学、电机工程等领域都占有领导性地位。其中，计算机科学最为有名。卡内基梅隆大学的软件工程研究院成为美国国防部军管研究院，成为全球软件学院的楷模，其毕业生大多成为业界精英。全球 500 强企业中 IT 巨头纷纷在卡内基梅隆大学捐款并设立研究所。该校的机器人研究所开展过月球探测步行机器人、单轮陀螺式滚动探测机器人的研究等。

理工科见长的杜克大学也设有 40 多个研究所和研究中心。

1863 年，林肯政府成立了美国国家科学院，旨在对科学与艺术进行调查研究与分析，并进行汇报。这一时期，美国着力学习了德国的先进科技体制与管理方法，科学活动向集体形式发展。1930 年美国国会通过法案，在原有小型实验室的基础上组建国立卫生研究院（NIH），美国政府大幅增加投资扩建，现已在美国各地设立 27 个研究所或研究中心，承担卫生健康科学研究、临床医学、科学评审、信息情报服务等任务，是世界较高水平的医学与行为学研究机构之一。美国的政府科研机构有 700 多家，政府支持的科研机构隶属 20 多个不同的政府部门。第二次世界大战期间，以美国政府投资为主，建立了一批军民两用的大型国家实验室，如费米领衔的阿贡实验室，奥登海默挂帅的阿拉莫斯实验室，还有劳伦斯伯克利实验室、布鲁克海文实验室、橡树岭实验室，以及前面所述的林肯实验室等。现有40多个国家实验室分属美国国防部、能源部、国土安全部等部门，不少依托大学或有大学托管。多数国家实验室规模较大，下属几十个研究所或研究中心，覆盖多个领域，拥有几千名雇员。

以企业为主体的美国工业研究实验室在20世纪初得到快速发展，1931年超过1600个，之后规模和水平持续提升，涌现了通用电气集团（GE）研究中心、原美国电话电报公司的贝尔实验室、IBM沃森研究院等世界著名研发机构。20世纪60年代后，惠普、英特尔、应用材料、微软、苹果、谷歌、脸书（今名元宇宙）、亚马逊等一大批研发型科技企业，特别是近几十年快速成长的创新性独角兽公司，更显示出空前强大的研究创新能力，成为前沿新技术的开拓主力军。作为科学中心的基本构架和科研开发平台，美国科学技术体系建制化日臻成熟，形成了研究型大学、联邦科研机构和企业三大科研主体；大批国际人才聚集美国，引领着世界科技发展潮流。

3. 创新生态环境和创新文化

百年来美国科技发展对全球优秀人才特别是青年人才具有吸引力、聚合力的一个重要内因在于其良好的科研生态环境。初步分析，有6个特征值得注意。

（1）自主抉择。在美国负责大学管理的主要是州政府，主要通过拨款和立法来宏观调控公立高校的发展方向，通过宏观调控以促进和保证本州高等学校教育质量的提高。不涉及学校具体办学事宜，大学实行自治。美国的大学教授有很大的权力和学术自由，体现了专家治校的原则。美国的科研项目和经费实行的是教授个人负责制，常常是人与项目、经费挂钩。美国的终身教授制度，保证了教授的学术权力和学术自由，也保障了教授在学校的地位和作用。

美国的科研和人才以扁平式管理为主。政府部门很少行政干预具体业务。如美国能源部拥有 17 个国家实验室，它采用多数委托大学管理模式，实行实验室主任负责制。政府主要职责是负责研究开发计划制定、预算和科研资助经费管理。实验室的科技经费基本上由国家预算拨款。科研平台建设经费几乎全部来自基于能源部研究开发计划的国会财政拨款。科研经费绝大多数也来源于政府年度预算拨款，由实验室根据其任务做年度计划和预算，提交能源部和联邦预算管理局，然后由能源部提交国会审议通过，总统签署年度授权法后拨款。政府资助的其他科研项目多以基金形式遴选，竞争性项目占有较小比例，申请者不需要花费大量时间填写表格、应付评估审查，可以把精力主要集中在科研上。

人才聘任、内部立项和资金分配自主权主要在大学、科研机构，政府基本不管。大学、国家实验室等科研机构自身有很大的管理自主权。人力资源管理方面，由专门机构负责。组织同行评议决定研究人员的职称和职务的晋升，决定高级研究人员的晋升和去留。得到预算拨款后，机构内的项目立项采用自主申请、同行评审后择优立项资助。内部建立了有效的学术成果质量的保障机制。主要还是通过同行评议制度，通过立项评议和跟踪评议等多种机制，对研究资源进行分配和使用及成效评议，以促进良性竞争，激发科研的创造性、提升研究质量。对国家实验室等科研机构的整体成效评估，主要由能源部组织评估委员会进行具体的评估，评估结果与下一年度的预算拨款直接挂钩。在较完善的法规和管理制度下，更多的管理权限下放到课题组。只要申请到或找到资助，在研究方向和重点确定、项目执行、人员选聘等方面，课题组有着较大的抉择权限，具有应变调整的更多灵活性，这保证了科研人员可以把主要精力和时间用在研究工作上，确保了研究的高效率。

（2）自由探索。科学研究有很大的不确定性，探索未知、突破常规、颠覆式创新，都需要赋予研究者更大的学术自由空间，才能使其思维更加活跃、新奇。鼓励研究者，包括研究生等年轻研究者自由畅想，自由选择感兴趣的课题、研究路径，更加自由地支配工作时间，减少各类外来干预和事务性干扰，使研究者静心、专心聚焦研究探索，有助于产出预想不到的研究成果。学术自由是促进科学研究繁荣和人才成长的必备条件，反其道行之则会成为科学衰退的催化剂。德国在 20 世纪 30 年代迫害犹太科学家的悲剧发人深省，而美国近年来以国家安全为借口，滥用权力干涉学术自由，在科学家中搞种族国别歧视，甚至以莫须有罪名限制自由、人身迫害，显露出衰落的征兆。

（3）民主研讨。学术研究不是闭门造车苦思冥想，研讨争论更有助于相互启发、拓展思路、激发新思想，因此，在高水平大学、科研机构，学术研讨会是研究和人才培养的重要方式。美国的教育往往从小学、中学就把研讨会作为启发式教育的重要形式，到了大学研讨式互动教学更加普遍。譬如，老师讲课一般都安排提问、讨论时间，甚至鼓励插话提问，从几人到几十人大小规模的研讨更是家常便饭。研究者同行间、跨行的学术研讨十分普遍，因为研讨会通常比较开放，见到通知、海报即可报名参加。学术性讲座往往研讨的色彩更浓，问答的时间要比演讲的时间长。通过研讨，研究者的工作思路、进展情况被同行了解。比如，哈佛大学数学研讨会，一个教授介绍自己的研究工作，引起热烈讨论，虽然他已经 3 年没有发表学术论文了，但多数与会专家公认并称赞其研究进展和学术成就，很可能不久就会一鸣惊人。学者们可在研讨中吸取更多智慧，讨论争鸣中的头脑风暴、不同思想观点碰撞出火花，会激发创新思维，甚至有胜读十年书的感受。

这里强调的是，学术民主主要体现在平等研讨争鸣中。美国的学术研讨，不看中以往的学术地位、“帽子”等荣誉，尊重但不迷信所谓权威。虽然一些大学诺贝尔奖获得者云集，但看不到其有什么特权和优待。譬如，2005 年笔者在哈佛大学肯尼迪学院研修时，参加国际和科学中心的一个研讨会，有 3 个诺贝尔奖获得者参加，就从座位和发言安排上看，没什么特殊优待，只是主持人介绍时提上一句而已。再如，麻省理工学院把“学院教授”头衔作为大学的最高学术荣誉，它按照学校自己的标准体系评选，不少诺贝尔奖等大奖获得者也没享此殊荣，大家对此习以为常。大家熟知的哈佛大学的华裔数学家丘成桐教授，34 岁时获得菲尔兹奖这一数学的最高荣誉，但这没成为他科研的包袱。他在66岁时，仍每周主持3次学术研讨会，每次从上午9点到13点，他之后在人脸识别技术研究方面取得了更有价值的学术成果。各种学术研讨会上，无名小人物向科学大师名家提问、质疑、辩论屡见不鲜，众人也习以为常，往往青年小辈观点新颖、语出惊人。还有一个例子也很有趣，一个知名度很高的美国某部部长担任知名大学校长，由于研讨会发言失当，被诸多教授学者要求罢免其校长职位，但辞去校长一职的他做教授依然自得其所。这表明，学术上的民主和身份平等已形成一种文化习惯，是科研生态环境的必要要素，是优秀人才和成果竞相涌现、脱颖而出的有效保障。

（4）学术诚信。一方面把诚信视为科学家、研究者的立身根本。法律规章、道德规范上都有明确、严格的要求，对文献引用、数据真实性等都有严格的规定和要求。对学术造假，甚至弄虚作假行为，科学界和社会采取零容忍态度，一旦公众曝光，涉事者将身败名裂。关于学术诚信，科研和人才管理都十分强调且态度严格，研究者将其作为红线在求实严谨上注重自身修养和自律。另一方面，学术诚信体现在学术评价上。在项目立项、成果评价、奖励推荐评审、人才职称和职位评聘等方面，美国广泛采用的是同行评议（peer review）制度，这一制度实践被认为公正有效，具有一定的公信力。但是，坚持做到评审者的客观公正、铁面无私实属不易，最关键最难的是要过“人情关”，在历史文化积淀的背景下，有失公允可能同样造成评审者的失信，甚至造成信用污点。讲人情可能把自己毁掉，而在美国失信代价十分惨重，所以，

“同行评议”这一规则一直坚持延续下来，成为约定俗成的规矩。学术诚信要靠道德和自律约束，更要靠法律制度规范，只有加大失信者的成本代价，才能确保学术活动风清气正。

（5）便捷服务。科研活动的服务保障起着举足轻重的作用，高效便捷服务是提高科研效率的有效环节。美国的图书资料服务机制较为完善。还是以哈佛大学为例，它拥有 96 个图书馆，90 多个不同专业的学术分馆，大学本部、各学院（系）和研究中心、实验室等都有特色的图书资料馆，形成 1500 多万册藏书、10 万多种期刊、550 多万件缩微品、650 万份手稿的图书馆群。其中，最大的社会科学和人文科学图书馆——威德纳图书馆，定位为科研型图书馆，藏书 600 多万册。另外，哈佛大学的电子书籍的收藏系统也十分强大，学生几乎可查到每一期学术刊物的电子版本。哈佛大学的图书馆还与国内外 100 多家的计算机数据库建立了联系，周到便捷地为师生提供所需的各种资料。这一世界上藏书最多、规模最大的大学图书馆，使得美国著名的国会图书馆也处于下风，其运转高效、服务周到，目标就是为学校占据世界一流地位提供支撑。一叶知秋，这也从另一方面为哈佛大学为何久居世界科学和人才高地给出了答案。

另外，多数实验室开放共享，申请登记后可方便使用，实验用耗材的服务供应也较便捷。

（6）创新文化。创新文化是科研生态环境的魂。除了前面所提到的学术自由、民主、诚信，还有一些重点要素。比如尊重个性，个性不能简单误解为个人主义，科学研究探索本身要求突出个性，个性还意味着独立，独立思考，独辟蹊径，独创学说；创新求异，课题的立项评估，都明确要求要有新奇观点、新颖思路，鼓励研究者敢于离经叛道、超凡脱俗、标新立异，提出新学说，成立新学派；包容失误，科学研究本质就是试错，探索道路坎坷崎岖，无数次的挫折失败才孕育着成功，没有冒险的勇气、百折不挠的韧性、锲而不舍的毅力，难以取得科学突破，对于同行、师长、管理者更要有胸怀、多包容，不急功近利，鼓励试错，在探险中攀登科学高峰。如美国的风险投资管理者，对曾有失败记录的申请者可能更加关注，他们认为有失败经历的人离成功更进一步。

4. 强大的物资保障（科技投入、大科学装置和重大工程引领）

根据经济合作与发展组织（OECD）等机构在 2021 年公布的数据，美国研究开发经费持续位居全球第一，2019 年为 6127 亿美元，占本国 GDP 的比例为 3.1%，其中企业研发投入总额为 3600 亿美元，约占总投入的 60%，占全球企业投入的比例为 38.45%。美国基础研究的经费约占总研究开发经费的 22%，比例较高。其中，国家科学基金会每年经费约 60 亿美元。

另外，对国家实验室、国立科研机构的预算拨款占了美国政府科技投入的大部分。例如，拨给国立卫生研究院年经费 300 多亿美元，拨给拥有国家实验室较多的能源部年经费约 150 亿美元。美国政府经费主要投入在国家战略性、基础性、公益性研究领域，特别是在大科学装置、主要科研装备等平台。另外，政府组织的重大科学工程对提升国家整体科技实力、占据科技发展竞争制高点发挥了重大作用，如早期的曼哈顿计划、一系列太空探索计划、星球大战计划、信息高速公路计划、人类基因组计划、引力波探测计划等，发挥着带动国家科技整体实力提升、全面发展的龙头作用，带动了全社会的投资，促进了新产业的生成和发展，给经济、军事、社会发展注入强劲动力，增强了综合国力和国际影响力。面向市场的应用研究和技术开发主要是企业投资。

5. 政府政策导向推动

美国人的科学技术成就，得益于国家科技战略和政策，引导创造性地扩充和运用其科学技术实力，促进经济、军事和国家综合国力提升，为科技的高速发展和全球领先奠定制度基础。美国重大科技政策主要通过总统法令和国会法案颁布。有重要影响的政策包括：

（1）指导加强基础性研究。1944 年，美国时任总统罗斯福要求科学技术办公室主任范内瓦·布什提交《科学无尽的前沿》的报告，后来成为美国科学政策的“开山之作”，奠定了美国未来 70 年世界科技强国地位。该报告开宗明义，强调不能再指望被第二次世界大战蹂躏的欧洲作为基础知识的来源。过去，致力于应用国外发现的基础知识。未来，必须更加专注于自己发现基础知识，因为未来的科学应用将比以往任何时候都更依赖于基础知识，是所有实际知识应用的源头活水。因此，美国政府要大力支持研究，政府加强工业研究最简单、最有效的方式是支持基础研究和培养科学人才。着重提出重视基础科学研究，要给予科研工作者高度的研究自由，政府应拨款以资助科研项目的顺利进行，以及设立国家研究基金会等。随即，美国开创了赠地创立或扩展大学、国家研究机构的模式，包括国家实验室在内的一批国家研究机构建立。1950 年，美国国家科学基金会成立。

（2）运用法律促进科技创新和技术转移传播。1972 年，美国国会通过技术评估法案，采取独立手段来解决科学和技术问题的工作，随后成立美国技术评估办公室（OTA）作为美国国会的科技咨询机构，以评估技术对社会的影响、研发经费增长和科技立法增加等。

1980 年制定了《史蒂文森－威德勒技术创新法》，之后几次较大修改，先后改为《美国联邦技术转让法》《国家竞争力技术转移法》《国家技术转移促进法》等，该法主要是为了促进美国的技术创新，支持国内技术转移，加强和扩大各科研机构与产业界之间的技术转让、人员交流等方面的合作，提高各个部门的劳动生产率，创造新的就业机会，提高产品在国内外市场上的竞争力。该法还确立了推进技术创新的主要制度。

1980 年国会通过《拜杜法案》，1984 年又进行了修订。旨在加速政府支持的科技成果转化，使私人部门享有联邦资助科研成果的专利权成为可能，从而产生了促进科研成果转化的强大动力。该法案的成功之处在于：通过合理的制度安排，为政府、科研机构、产业界三方合作，共同致力于政府资助研发成果的商业运用提供了有效的制度激励。该法案明确规定有政府资金资助的科研成果及知识产权属于研究者所在单位，项目承担者允许得到比较高比例的收益。由此激励研究者加快了技术创新成果产业化的步伐，使得美国在全球竞争中能够继续维持其技术优势，促进了经济繁荣。

（3）强化科技在提升国家竞争力中的优势。克林顿执政期间，他和副总统戈尔都对科技十分重视，1993 年 11 月，克林顿宣布成立内阁级别的国家科学技术委员会（NSTC）并任主席，成员包括副总统戈尔、总统科技助理、内阁部长以及联邦政府有关部门首长等，定期召开会议研究联邦科技政策、协调重大科技计划。克林顿首次把提高美国科技竞争力摆到政府的战略高度，他宣称要"领导美国参加全球经济竞争并取得胜利"。采取得力措施维护美国的科技优势，鼓励投资研究开发，提高产业竞争力。他持续提高联邦政府的研究开发经费，鼓励企业投资研究开发，1995—2001 年，美国全社会研究开发支出的增长速度年均为 5%，高于欧盟（3.8%）和日本（2.9%）。克林顿还敦促美国国防部推进军事技术向民用转移，把美国的军事科技实力转化为产业竞争力。对科技创新的持续投入提升了美国产业的竞争力，20 世纪 90 年代末期美国占据了全球 60% 左右的计算机市场，汽车工业产量在落后日本 13 年之后，于 1994 年重新回到世界第一。

克林顿政府发布了一系列重要法令，1993 年发布的《为经济增长服务的技术——建立经济强国的新方向》，强调"技术是经济增长的发动机，科学为发动机加油"。美国的技术发展必须进入新的方向，即为经济增长服务。1994 年，发布《科学与国家利益》《技术与国家利益》，提出了关于科学发展的国家目标：保持在所有科学知识前沿的领先地位；增进基础研究与国家目标之间的联系；鼓励合作以推动对基础科学的工程学的投资；造就21世纪最优秀的科学家和工程师。之后，还相继发布《为了可持续发展未来的技术》(1994年)、《国家安全科技战略》(1995年)等一系列具有标志性意义的重要文件，对世界各国的科技政策也产生了重要影响。

(4)组织实施重大科技计划提升国家创新实力和综合国力。罗斯福总统时代，美国牵头组织实施了“曼哈顿计划”，其目的是制造原子弹，由费米、奥本海默等几十名顶尖科学家领衔，雇用了超过13万人，为美国领先高技术发展奠定了基础。

1962年，时任总统肯尼迪在赖斯大学的一篇关于航天事业的演讲开启了雄心勃勃的“阿波罗登月计划”。经过不懈努力，美国人终于在1969年7月成功登上了月球。美国在航天领域超过了苏联。

在里根任总统期间，推出“星球大战计划”，技术手段包括在外太空和地面部署高能定向武器(如微波、激光、高能粒子束、电磁动能武器等)或常规打击武器，在敌方战略导弹来袭的各个阶段进行多层次的拦截。其中，“反卫星计划”实际上是战略防御系统的一个不可分割的组成部分，就是利用太空基地的监视系统，对敌卫星进行监视，并在必要时指令天基或陆基定向能武器系统摧毁敌人卫星。实质上这引发了美苏太空军事竞赛的升级，有人称这一计划成了苏联解体的催化剂。

1993年起，克林顿政府启动了一批引领世界科技发展、强化美国科技霸主地位的重大科技计划。例如：1993年，根据《高性能计算与通信法案》(1991年)，制定了《国家信息基础设施计划》，即著名的“信息高速公路计划”。该计划是克林顿振兴经济的主要措施之一，主要包括：在美全国范围内建立高速计算机通信网络，促进政府、企业、学校、研究机构、图书馆以及家庭的信息联通和信息共享。“人类基因组计划”（HGP），被称为生命科学的一个伟大工程，集世界基因组研究科学家的集体智慧破译人类遗传信息。“国家纳米技术计划”（NNI），目标是形成世界一流的纳米研究能力，促进纳米技术商业应用。“国际空间站计划”（ISS），克林顿于 1993 年提出将美国独立建造“自由号”国际空间站计划改为国际合作建设。

奥巴马当选总统后，就废除了布什当年对胚胎干细胞研究的设限，明确表态“坚决支持”干细胞研究。他表示，干细胞的医学应用前景非常广阔，应该取消相关禁令。他认为，不应简单限制对胚胎干细胞研究的资助，而应当对它们进行负责任的监督。这一举动推动美国在生命科学和生物技术领域一直处于世界领先地位。

（5）公开招标激发奇思妙想的颠覆式创新。美国国防部先进研究计划局（DARPA），被称为颠覆性创新的推进器，世界战略性技术的引领者，美国创新的核心引擎。它包括 6 个技术办公室，每年 30 多亿美元的预算，有着通过向社会公开招标征集奇思妙想的创新方案，利用社会力量组成的跨学科团队研究军民两用“黑科技”。比如，我们熟知的互联网、全球定位系统（GPS）、自动语音识别等都源自其组织的颠覆式创新项目。再比如，能够对抗地面行动目标指示雷达的新型地形散射干扰系统；进攻性集群使能战术，使用超过几百架无人机、无人车等机器人集群遂行各种作战任务；利用独创的拓扑结构和半导体材料制造创新可靠的电路，开发新型高效、轻量化、可靠的电力电子变换器，为交通、信息、电力等行业带来变革性影响；开发天然气燃料电池和发动机混合动力分布清洁能源系统，保障国家能源安全……

（6）专门针对中国的技术限制政策。拜登当上总统后，美国国会参议院通过《2021 年美国创新和竞争法案》，该法案旨在向美国技术、科学和研究领域投资逾 2000 亿美元，强调通过战略、经济、外交、科技等手段同中国开展竞争，以“对抗”中国日益增长的影响力。特别值得一提的是，其中《无尽前沿法案》，授权未来5年投入大约1200亿美元，用于支持国家部门相关科技活动。涉及科技创新与研发、STEM（科学、技术、工程、数学）教育、精准农业、量子信息、生物经济、制造业及其技术中心建设、供应链、电信、太空等方方面面，还有确保科研成果不外泄、加强相关人员和机构的能力建设，等等。还对有关芯片生产、军事以及其他关键行业采取更加严格的技术转让限制。紧接着开始针对华为等中国高技术企业进行疯狂制裁，被列入美国制裁名单的中国企业有 600 多家。这是对科学的一次灾难性的亵渎，是美国科技政策历史性的大倒退。

6. 创新人才培养机制

美国拥有世界上最强大的高水平人才队伍，得益于其创新人才培养体系和有效的运行机制。

（1）把高水平科技领军尖子人才培养作为重点。美国各类、各层次大学 4000 多所，高等教育普及率高，但他们从国家竞争力的需要出发，把精英人才的培养放在突出战略地位。设立各种高层次人才培养工程和计划，目的是将最优秀的人才吸引到国家亟须的科学和工程领域中来。精英人才的培养重点集中在以常青藤为主的大学里，利用名校招揽全球优秀留学生加快所需高端人才培养，虽然不唯分数论，但对新生录取的标准很高，特别是注重综合素质、潜质，在全球招揽优秀苗子。在名校读书的研究生，学习和研究的压力大、强度高，平时教师布置的查阅文献资料量大，分析评论的时间紧任务重，但这对科研素质的养成大有裨益。

（2）瞄准科学前沿加强理工科高级人才培养。针对一个时期商学院“冒火”，很多美国学生热衷于金融等专业的势头，美国政府特别强化了对发展理工科教育的引导，把 STEM（科学、技术、工程、数学）教育，从小学抓起，在大学强化。21 世纪以来，美国连续修订出台了《美国竞争力方案》《加强自然科学技术工程学及数学教育法案》等一系列有关国家未来科技人才发展规划的重要法案及政策，重振美国在科技人才培养的优势。

（3）加强教学科研结合实践中培养。美国十分重视科技与教育的融合。通过实施国家重大高新技术研发计划，项目资助计划及政府资助创办的各类高新技术研究中心，带动相关领域人才培养。美国实施的一系列重大高新技术研发计划，如 21 世纪信息技术计划、国家纳米行动计划等，这些重大的跨部门研究计划都把高层次人才培养作为主要目标。大学教材与时俱进、重视吸取最新科技成就，使学生及时了解科技前沿动向。学生较早参与科研、研讨，在学习中提升科研能力。

（4）注重营造良好学术环境加强培养。积极为创新人才创造良好的科研创新环境。美国有各种类型的基金会近5万个。科研人员可以根据自己的兴趣向各类基金会申请项目。美国政府、民间基金会和学校对年轻的创新型科技人才还给予特别的支持。多渠道的科研经费来源，为创新人才培养提供了充裕的资金，为教学研究创造了有利条件，形成了优越的培养创新型人才物质条件和育人环境。此外，宽容失败、信息公开、资源共享的文化氛围，各种研讨、头脑风暴，有利于开阔视野、思想碰撞、启发灵感，激发创新型人才的积极性、能动性，为其不断创新营造了广阔的空间和舞台。

（5）注重创新思维和能力的养成。美国从小学教育就注重素质和能力培养，鼓励学生多接触自然和社会，注重发展个性、独立性，培养组织、演说和社交能力。大学中更注重学术的创新性思维和研究能力培养，强调动手能力，鼓励标新立异的自由探索。既培养出一批具有重要科学突破的青年学子，也培养出像比尔·盖茨、迈克尔·戴尔、马克·扎克伯格等一批科技企业奇才。

美国大学也采用以学分为基础、跳跃式地学习方式，既可保证源源不断地培养出人才，又可拓宽学生的知识面和应用能力，十分灵活多变。多数教室“灵活机动”，大学教室桌椅一般都是可以移动的，根据教学需要可以灵活组合。在美国大学课堂上，讨论式教学和演示式教学是常见的两种教学形式。

7. 通畅便利的国际交流高地

（1）大力吸引优秀留学生并提供就业岗位。美国政府通过制定移民政策吸引急需的高端人才。例如，针对高端人才的特殊移民政策。1965 年美国颁布了具有开放性政策精神的优惠制新移民法。每年专门留出 2.9 万个移民名额给来自国外的高级专门人才。1990 年在原有移民法的基础上做出了重要修订，拓宽技术类移民的范围，为外国人才签发有效期六年的入境证件。允许有学士以上文凭的外籍人才到美国从业，每年限额为 6.5 万张签证，1998 年国会通过了修正案，将签证增至 11.5 万张。奥巴马推进全面的移民改革，实行更宽松的绿卡政策和 H-1B 签证计划，以吸引全球更多的优秀人才。

持续加大对海外留学生的吸引力度。美国政府推出共同教育和文化交流国际教育法，政府和社会组织设立了多种资助外国留学生的资金。福特基金会、洛克菲勒基金会都为第三世界国家留学生提供了种类繁多的奖学金。每年对外国留学生的投资多达 25 亿美元。大学竞相提供优厚的奖学金、助学金和优惠贷款，吸引全球最优秀的人才。在政府、大学及民间机构的推动下，留学美国的外国学生不断增加，而等他们毕业后大多数人会留在美国工作，成为美国经济科技发展所需的高端人才。2008 年国际金融危机后，美国提出凡是属于自然科学、技术、工程学以及数学四类的外国留学生实习工作期限由 12 个月延长至 29 个月。2021 年美国政府仍然积极推进为在 STEM 领域获得高等学位的国际学生提供长期签证甚至绿卡，以利于美国留住学生和研究人员，并与对手展开人才竞争。

（2）建立各种学术交流平台吸引人才。美国充分利用其全球创新和人才高地优势，从政策上提供优秀人才往来方便的机制，强化国际人才的交流和合作。通过承办国际学术会议推进国际合作研究，吸引国际科技人才在美国每年召开许多国际学术会议，在众多领域与其他国家形成了伙伴关系。这为科技创新人才的合理流动提供了机遇和平台。政府通过设立各种基金援助计划，奖励使用高端人才。通过国际合作，利用别国高端人才。目前美国与世界 70 多个国家和地区签署了 800 多个科技合作协议。部分科技计划对外开放合作研究，利用各自的资源优势合作攻关。由于美国在这些科技合作项目中往往拥有财力和科技人力上的优势，因而是开发和利用高端人才价值的最大受益者。

（3）通过培训计划、访问学者等交流项目，吸引国际高端人才来美工作。访问学者大多是拥有工作经验的教师、科研人员、医生及各领域小有所成的学者，其申请条件则较为宽松，只要外方导师对申请人的学术背景认可，通过导师面试或外方院校人事部门面试，即可获得外方邀请函。

其次，美国可以实施一系列适度改革，以增加国际人才赴美工作、留美机会。第一步，美国国会可提高就业绿卡上限，尤其是对高技能型人才；缩短某些职业或技能岗位从临时工作转为永久居留权所需的时间；取消对来自特定国家或地区移民的限制。美国国务院和教育部 2021 年发布联合声明，承诺将采取措施推动国际学生赴美学习以及鼓励全球学者来美参与学术交流。

在科技领域，高技能移民长期以来一直是美国科学发现的重要推动者。截至 2019 年,《财富》杂志 500 强之列的美国企业中有 20% 是由移民创建的，另有 24% 是由移民子女创建的。在创新领域，由移民引领的创新模式一直是美国经济的核心，其价值远远超过了经济衡量的尺度。报告认为，移民在 STEM 领域的工作和创业使他们成为美国历史上发明和创新的源泉。而在医疗领域，高技能移民也发挥着主导作用。

（4）美国科技型企业成为吸引国际优秀人才的大平台。美国诸多高技术企业研究开发业务占主体，高水平技术人才密集度高。通过高薪吸引了大批高技术领域的硕士、博士到公司工作，其中来自国外的人才占有很大比例。除此之外，美国通过本土的跨国公司实施人才本土化战略，在中国、印度、以色列及欧洲国家建立企业研发中心，包括研究总部和网络机构，招募分支机构所在国的大量优秀人才。例如，美国的通用电气、IBM、微软等在我国设立多个研发机构，这些海外人才中的佼佼者，经常调回美国总部从事研发工作。他们还通过海外兼并企业招聘科技、经营人才，多渠道聚集全球高级人才，为美国的科技实力和全球竞争力提升提供有力的人才支撑。

8. 产学研融合创新生态系统

与欧洲不同，美国的社会创新生态系统成为其作为世界科学和人才中心的鲜明特征。这一系统的核心是产学研融合机制，即在政策导向下，创新链、产业链和资本链的有机融合，人才的跨界灵活有序流动。

（1）从技术转移到深度融合的升级。美国研究开发产业一体化有着历史传统，从爱迪生创办通用电气公司、贝尔创办电话电报公司起，就一直延续这一模式。从 20 世纪 50 年代军用技术向民用转移，产业界逐步与大学、政府科研机构合作建立研发机构，到 20 世纪 80 年代后技术转移相关法律的颁布，产学研创新合作逐步深化、拓展。20 世纪 50 年代后期，硅谷开发区的建立，开启了技术转移和产学研合作的新模式。大量科技人才利用自己的科研成果创办企业，从惠普汽车库工厂到全球性大型企业的发展进程，生动诠释了科技经济一体化的内涵。大家熟知的比尔·盖茨创办微软、迈克尔·戴尔创办电脑公司，包含了由技术创办企业、根据市场需求开发技术的多种模式。后来的乔布斯创办苹果、扎克伯格创办脸书，以及大量互联网企业的成立，都是研发与产业深入融合的生动案例。

（2）风险投资和资本市场的推进剂作用。风险投资在美国起始于 20 世纪中叶，加速于 20 世纪 70 年代，兴旺于 20 世纪 90 年代。这是一个由金融家投资、专业机构管理、主要投向新创办的高成长性企业的商业模式，具有明显的“高投入、高风险、高回报”的特点。对于以研发为基础的高技术的创办期，风险投资的注入起到久旱逢甘霖、雪中送炭的效果，往往催动着创新企业的爆发式增长。风险投资的增长得益于专门股票市场的创建。1971 年 2 月，主要为小企业提供融资平台的纳斯达克股票市场开市，它是全世界第一个采用电子交易并面向全球的股票市场，在 55 个国家和地区设有 26 万多个计算机销售终端，现已成为全球第二大的证券交易市场，现有上市公司总计5400多家。美国风险投资与纳斯达克市场有着密切相关的孪生关系。风险投资主要是股权投资，投资的退出回报，除一部分内部股权交易外，大部分通过IPO上市交易。20世纪90年代美国风险投资企业超过500家，每年投资金额超过500亿美元，覆盖几千家初创或成长型企业，多数集中在硅谷。20世纪90年代恰恰是风险投资和硅谷企业疯狂生长期，反映在股市上是股票指数的非理性增长期，纳斯达克指数从1994年10月的470多点，到2000年3月疯长超过5100点，6年涨幅近600%。对科技产业化的支持变成了金融炒家获取暴利的冒险，后来信息泡沫破灭，纳斯达克指数一路下跌，到2002年10月仅为1100多点。然而一些真正的高技术企业，特别是创新能力强、规模较大的企业恢复较快，走向健康发展轨道。风险投资和纳斯达克市场也从危机中走向健康理性发展轨道，2015年风险投资的金额达到600亿美元，其中近一半投向硅谷。企业的自身研发投入和政府资金、政策的支持提升了高技术研发能力，风险投资、民间基金的介入，大大推动了创新技术转移和技术产业化，其对科技产业化的推进作用不可低估。

（3）重视构建社会创新生态系统。股票市场危机和风险投资的挫折，使政府和社会认识到只靠市场机制推进科技产业化的失灵，从21世纪初开始，美国政府调整政策，推动构建产学研融合的社会创新生态系统，作为一个重要切入点，引导政府社会和企业伙伴计划（即PPP计划）推动科技产业化。调整和健全的创新资本体系，是确保美国创新生态系统活力和效率的核心要素。引导美国创新资本体系构成多样化，使其各具功能和优势。鼓励民间资本“唱主角”，发挥民间资本实力雄厚优势，在科技研发资助、初创企业培育等方面担当重要角色，提供丰富多样的投资品种，有效满足投资者和企业不同发展阶段的资金需求，实现资本与创新的有机融合。总结了硅谷信息产业的腾飞以及世界级 IT 企业快速成长主要得益于风险投资正反经验，波士顿的生物医疗等新产业的蓬勃发展，则主要依赖政府和社会资本共同组成的创新资本体系。

在美国创新生态系统中，公共和私营研究机构、企业、风投资本、专业配套服务，以经济利益为基础紧密合作，形成一条完整的合作创新链、价值链。高校、研究机构和创新型企业是创新活动的技术源泉，各种资本和金融市场则是助推器。从推进研究开发角度讲，不少企业加大对大学科研的资助力度，合作建立研究开发机构，开展长期研究开发到产业化的战略合作。

（4）从硅谷到波士顿剑桥的成功模式。硅谷是当代美国科技及产业化高速发展、世界英才荟萃的时代标志，从斯坦福工业园区到世界信息技术和产业创新高地，早期的英特尔、惠普、甲骨文、雅虎、苹果，到后来的特斯拉、脸书、谷歌等著名企业，都是以科技人才为主体、以研究开发为基础，在发展初期都得到了风险投资助力，经过多轮融资发展成为全球化龙头企业。硅谷创新发展领先的一个重要因素，是吸引和集中了全球顶尖创新人才。硅谷形成了开放人才理念，面向全球广聚英才，集结了来自世界各地的 100 多万名科技英才，有近 30 万个高技术职位，美国科学院院士近千人，几十名诺贝尔奖获得者。据当地咨询公司预计，硅谷创新人才近80%来自其他国家，其中来自中国、印度的创新人才占一半以上。当然，临近的斯坦福大学、加州大学伯克利分校、加州戴维斯大学等为硅谷的发展提供了强有力的科技和人才支撑。更主要的是得益于其有效的人才激励政策，个人收入高、发展空间广、成长机会多、创新氛围好。优秀人才除高工资外，还可以通过技术入股、股权奖励等获得持续收入。除此之外，允许创新人才在不同企业间流动，也鼓励员工离开企业自主创业，人才合理流动，既提升了人才自身价值，也实现了人尽其才，有效吸引和配置人才资源。

进入21世纪后，美国营造社会创新生态系统等一系列计划和人才激励政策，推动波士顿剑桥区域形成新的创新密集园区，使其跃升为创新生态系统的新样板。新剑桥创新密集园区起步时是校友租赁学院房产建立的创业基地，目前汇集了上千家公司，每年吸引风险投资20亿美元。新剑桥创新密集园区内部创业者包括个人、初创公司、大型企业和跨国企业，也有创业工坊和创投公司。2010年之前，该园区以生物技术产业集群为主体，拥有500多家中小科技企业，这主要是由于哈佛大学医学院与麻省理工学院的联合带动。两所大学在布鲁德公司投资支持下联合成立了布鲁德生命科学研究所，承担了人类基因组研究。世界著名制药企业瑞士的诺华集团在麻省理工学院附近投资建设了生物医药实验室。人才的流动、技术的转移及扩散推动着生物技术创新创业潮。2010年之后，得益于麻省理工学院计算机和人工智能研究中心、媒体实验室等科研机构的带动、孵化，人工智能、机器人企业如雨后春笋般崛起，已达几百家，成为全球该技术领先且最密集的产业集群。麻省理工学院等大学从人才政策突破切入，允许教师社会兼职，允许创办企业，只要不做法人，可以技术入股将自己的研究成果转化等一系列激励政策，激活了巨大的人才和科技资源，迸发了创新创业活力。形成了大科学大技术时代个体创新创业者协同创新的机制，有效促进了个体创新、协同创新，探索出大学引领产业发展的新途径，成为产学研融合创新生态系统的示范区和全球创新和人才高地。

四、几点重要启示

（1）欧洲作为近代的世界科学中心有 400 年的时间。但科学中心在欧洲的形成与发展以人才资源内生为主，人才中心以本土为主体，科学中心转移的实质是科学梯次发展，交相领先，带动了欧洲整体科研实力和水平的提升，使其成为世界科学中心和科学大师的聚集地。但是，欧洲人才散状分布，没有形成若干个汇集人才、培养人才的强势平台基地和优势创新生态环境，也没形成全球人才向欧洲汇集的强大凝聚力，因此还不能称之为真正的世界人才中心。直到科学中心转移到美国的百年中，才真正进化为现代的世界科学和人才中心。

（2）世界科学和人才中心从欧洲转移到美国，是真正意义上的转移，这种此升彼降的结果，主要是从欧洲大批顶尖科学家迁移到美国开始的。美国利用高级人才聚集的正反馈效应，逐步生成了吸引全球人才的强大聚集力和本土培养造就人才的超凡能力，标志着美国超越欧洲领先世界，成为新科技革命的新发源地、发动机，形成了全球优秀人才的聚集地，成为真正的世界人才中心。

（3）高水平人才从欧洲向美国的转移，有着两次世界大战的特殊外因，有着科学和技术革命交替的有利机遇，但更重要的原因在于美国多年的精心准备，创立了良好的科技发展基础、有利的战略和政策制度优势、开放开明的人才发展环境，形成了全球领先的引才、聚才的制度优势。

（4）成为世界人才中心必然伴随形成人才和创新高地，而成为世界科学中心和科技发展领跑者，其最核心和具有决定性的要素，是营造世界最优的科研创新环境，尤其是人才成长生态！这包括高水平科研平台、创新基地等凝聚人才的硬件设施，更包括激励竞相创新的学术环境和创新文化。就像自然界一样，生态环境好的地方必成为大量候鸟的集聚地，气候、土地、温度、湿度适宜后蘑菇会大面积生长。“有心栽花花不开，无心插柳柳成荫”也是人才管理的基本规律。政府的主要职能应聚焦在科研创新生态环境的营造上，避免直接干预过多、插手过广、过问过细。

（5）美国作为世界科学和人才中心的地位，还要持续较长的时间，甚至可能到 21 世纪末还难以被完全取代，但美国政府及其国内政治的倒行逆施，将逐步影响并恶化其国内学术和创新环境，对全球人才的吸引力、凝聚力会逐渐弱化，其科技发展一马当先的优势将逐步丧失。笔者预测，21 世纪下半叶，将出现多极化趋势，多个世界科学和人才中心并存的新格局。

（6）从世界科技发展大趋势分析，新的科学革命和技术及产业重大变革正在孕育突破、悄然兴起。中国的科技发展已跃上新的高峰，奠定了厚实基础，多领域和整体实力水平与美国的差距逐步缩小，正从跟跑向并跑领跑的格局中转换，多学科领域形成了与美国犬牙交错之势，加之我国强大的政治制度优势，丰厚的创新人才资源和物质基础，使我国具备了成为世界科学和人才重要中心之一的良好条件。习近平总书记关于深入实施新时代人才强国战略的重要论述，描绘了到 21 世纪中叶建成世界重要人才中心的宏伟蓝图和路线图，提供了人才强国的战略指南和行动纲领，只要我们以“钉钉子”的精神和抓铁有痕的魄力落实到位，打好科技教育和人才管理体制深化改革的攻坚战，在革除旧体制顽瘴痼疾上取得突破，在营造优化学术和创新环境上取得实质进展，善于抓住用好机遇，锲而不舍，久久为功，一定能实现建设世界重要科学和人才中心的宏伟目标。

第三章
世界科技变革带来的机遇

进入 21 世纪，世界科技变革呈现出新的突破，正在形成新科技革命和产业深度变革的新浪潮。这将推动世界科技发展和竞争格局的新变化，为新的科学和人才中心的形成提供新机遇。

跨世纪的几十年里，各重要文件、主流媒体，常提到新一轮科技革命，可对于其标志、时间界限却众说纷纭。在此期间，新技术相继涌现，颠覆式创新成果大范围应用，技术的更新换代相继发生、频率加快，产业变革广泛深入开展，新产业不断产生，产业更新升级颠覆着传统结构和生产方式。各学科领域都时常声称新革命性成就，信息革命、能源革命、生物革命、交通革命、材料革命等概念频频出现。诚然，与历史上的科学革命、技术革命相比较，当代科技革命的特点有显著不同。前述这些理解，正如唐诗所描述“等闲识得东风面，万紫千红总是春”“忽如一夜春风来，千树万树梨花开”。它不再是如蒸汽机、发电机和电动机发明那样，单项或单组技术引起一个产业、行业的深刻变革，而是多个领域、各项核心主体技术的突破而引起相关产业群的变革，进而推进产业整体变革升级，其应用辐射传播，驱动着人类生产生活方式的变革，推动着社会的全面变革和巨大进步。再者，新技术突破接踵而至，链式甚至系统性创新，加速变化目不暇接，带来的变化日新月异，故而大家感到似乎多个科技领域都在进行着革命性的更新换代，而科技革命的时间区间又不像以往技术革命那样分明，一波接着一波，后浪推前浪，延绵向前。总之，呈现出全面繁荣、持续出新的态势，这恰恰勾画出当今科技发展的特征。

一、科技发展总体特点

如上所述，相较于前几个世纪，甚至 20 世纪，科技发展确实呈现出新的态势、新的特点，总体判断，人类社会进入科技为主导的新发展时代。其具体表现为：科技创新作为第一动力全面驱动着世界的可持续发展；人类发展中面临着新矛盾、新挑战，如气候变化、疫情防控、灾害灾难、消除贫困等，必须依靠科技创新提供解决方案，而实践证明科技确实担当重任给人类带来希望；科技创新实力成为国际竞争制胜关键，科技实力差距导致国家间发展水平差距拉大；大国科技实力的相对均衡为世界和平形成相对制衡，但也加大了地区安全和人道主义灾难的风险。其主要特点如下：

1. 使命主导

新型冠状病毒在全球蔓延，给全球经济社会发展带来重大冲击，给人类社会生活正常秩序带来严重干扰；全球气候变化酿成的生态环境恶化和自然灾害多发……百年未有之大变局下，人类生存发展面临严峻挑战，迫使科技界担当使命，更加依赖科技创新给出解决方案，化解人类面临的危机，维护保障世界和平，促进绿色、环境友好和可持续发展，保障健康、造福人类。因此，科学家的神圣使命空前凸显，从基础研究到技术创新，使命导向型研究成为科学家的自觉行为，成为国家科技政策的优先目标，一些科学家的好奇心也融汇或让位于消除人类自身风险的迫切需要。

2. 纵深延展

随着科学技术手段的显著进步和各方投入的加大，科学研究从宏观到微观和宇观的探索领域不断拓展，探求真知纵深推进逐步深化。物质深层基本粒子研究取得新的发现，量子效应及运动规律研究取得新的成果；分子生物学领域，基因功能、蛋白质功能研究探秘获得新成果；微观层面的各类具有新奇特性功能材料的发现、设计制作又有新突破；宇观层面的引力波、黑洞、暗物质、暗能量研究不时有新进展，利用超级天文望远镜捕捉到众多外星系的有用信息；多国发射卫星竞相对火星、太阳、月球进行深空探索，中国研制的国际空间站做好了运营的准备工作；万米深海探测、深地钻探不时传来新的进展；超高速飞行器、超高速列车试验取得新突破；集成电路芯片突破 2 纳米，逼近摩尔定律极限。

3. 交叉融合

学科交叉、跨界融合创新从未像如今这样覆盖的领域如此之广，融合程度如此之深。特别是新一代信息技术成为交叉融合的催化器和黏结剂，成为各学科领域破解经典难题、突破难关取得硕果离不开的先进工具平台。高性能计算、大数据、5G、先进感知技术、人工智能等，为先进能源、空天科技、生命科学和生物技术、新材料等赋能，数字化、智能化与工业、农业、能源、环境等传统领域研究开发融合注入了强大的生命力，焕发了现代化的活力。同样，各类新材料科技的发展应用，促进了信息技术的更新换代，助推空天、新能源、医学、交通及装备制造技术的不断创新升级。工业互联网、大型科学设施、航空航天海洋装备、智慧工厂等皆是多学科交叉集成融合创新的集成体。如人类基因组计划，由生物学家总体设计，运用先进的自动测序仪和世界最先进的超级计算机工具，6 个国家为骨干牵头的国际科技合作伟大工程，历时 15 年时间完成了人类 2.5 万个基因的 30 亿个碱基对的测序，并建立人类基因图谱大数据库。没有融合创新不可能完成这一世界上具有里程碑意义的大科学工程。2021 年 7 月运用人工智能工具 AlphaFold 精确预测蛋白质立体折叠结构，更是大数据、人工智能与生命科学跨界融合创新的代表性前沿成就。先进的科学试验和测量仪器装备、各行业的监测检验装备是典型的多学科知识融合的成果，在近几十年的诺贝尔科学奖获得者中因先进科研装备研究和科学实验获奖的比例超过三分之一。

特别是当今和未来人工智能技术的发展，将是机器智能技术与脑神经网络科学两大前沿领域的完美融合。因此，交叉融合必将是科技创新发展的普遍规律和主流模式。

4. 复杂系统

从热力学研究开始，熵增规律标志着科学家关注非线性的复杂系统研究。1977 年，比利时科学家普里戈金因耗散结构复杂系统研究结果获诺贝尔化学奖后，复杂系统研究逐步受到重视和青睐。2021 年的诺贝尔物理学奖由日本、德国、意大利的三位科学家分享，褒奖他们对研究复杂物理系统做出的开创性贡献。这一信号意味深长。航天工程、物联网和工业互联网、车联网、智能城市、生态系统演变、社会管理系统，尤其是生命系统，对复杂系统的研究提出了现实需求和科学上的挑战，大数据、超算、人工智能科技发展，为复杂系统的研究破局提供了先进手段，交叉融合创新提供了有效途径和成功希望，摆脱传统牛顿科学范式和边界条件理想化的制约，解密和把握真实世界的客观规律，成为世界科学研究和融合创新的新赛道。

5. 组群突破

不同于以往某一学科、某个领域的单项科学发现、理论和方法创立、技术重大发明为特征的单项突破，现在交叉融合创新所引发的多学科、关联性、多方位组群式突破，新理论、新方法不断创立，新学科、新学派相继涌现，特别是交叉学科成为活跃区间，如人工智能等从几十年前的小分支学科迅速成长为前沿主流学科，同时经典学科、传统领域也焕发生机，新学说新突破抽芽吐蕊、新枝茂盛。科学前沿的原创性突破与新技术群崛起及主流技术更新换代相互促进。整体呈现出科学技术的全面繁荣景象，催生了众多新产业、新业态、新生产和生活方式，诸多新动能的注入推动着发展升级。从学科结构看，新一代信息科技的系统性突破升级，仍作为变革的龙头活跃在科技前沿，仍是新科技革命的引领者，生命科学和生物技术、新一代能源和绿色技术、先进材料、深空探测等领域发展势头强劲，新成果竞相涌现，领跑并跑竞赛你追我赶，成为组群式突破的活跃性领域，有力驱动着发展和经济社会的变革。

6. 加速转化

世界科技发展改变了从基础研究、应用研究，到技术开发、中试、产业化的流程。2016 年，国际管理科学界提出了“巴斯德象限”的新概念，这源于美国学者斯托克斯 1997 年提出的科学研究“应用与基础”二维模型，用法国科学家巴斯德的基础研究有较强的应用导向为例说明了科研过程中的认识世界和知识应用的目的可以并存的现象。后用巴斯德象限泛指应用引发的基础研究，也揭示了从基础研究直接到应用的客观现实。生命科学、纳米科技、石墨烯等先进材料研究、人工智能等从基础研究成果几乎直接应用、产业化的成功实践，标志着创新链的紧缩、从研究到产业化的过程缩短、进程加速。围绕麻省理工学院及哈佛大学的新剑桥科技园区，在 21 世纪十多年的时间里孵化出几百家生物技术企业、几百家人工智能及机器人企业的成功案例，向世界示范如何从体制、政策上畅通研究到应用及产业化的通道，把科研创新优势迅速转化成技术领跑和经济竞争制高点优势。因此，创新链与产业链、资本链的融合、科技界与经济界融合创新发展已成为大势所趋，成为政府政策导向激励的优先点。研究应用融合一体化趋势，形成的发展正反馈的激励机制，作为研究者自身不仅名利双收、实现了自身价值的更大化，而重要的是创造了更大的社会效益；反之，科研领先优势如不高效转化为经济发展竞争效能，会导致人才和技术的转移流失。因此，转化效率的高低成为创新竞争力的关键。

二、新信息革命主导着科技和产业变革

历史上没有一个领域像信息技术这样，从产业到每个人，从繁华城市到边远乡村，从生产工作到日常生活，其覆盖范围之广、渗透影响力之深，几乎成为人们生活中须臾不可离开的一部分，引发人类生产生活方式深刻变革。半个多世纪以来，激荡起几次大的技术变革浪潮，如今方兴未艾，基础技术与元器件、设备、软件的不断创新突破，大数据、云计算、人工智能、互联网的广泛系统集成，高速大容量、集成化、平台化、智能化、泛在网络化特征更加凸显，数字化、网络化、智能化深度融合，信息巨系统的功能发生质的跃升，加速向各方面垂直和横向的广泛深度渗透，为各领域行业和普罗大众的应用建立了便捷平台，注入了新的能量和智慧，新一代信息科技成为第四次工业革命的主导引擎，驱动着人类社会迈向智能化新形态、新纪元。

从大势观，信息技术正处在重大变革发展的关键时期。

1. 智能化新时代的开启

人工智能将成为新一代信息技术的主导技术。在数字化、网络化的高起点上智能化的拓展和广泛应用，为各领域、各方面的赋能功能提升到更高阶段，广泛渗透应用带来的革命性、颠覆性的变革将相继显现。

人工智能从 1956 年才由以美国人为主的几位不同领域的科学家正式提出，初步定义为研究理解和模拟人类智能、智能行为及其规律的一门学科。人工智能虽作为交叉学科，但仅被列为计算机算法分支的子学科，先后出现了逻辑学派、仿生学派、控制论学派三个主流学派。之后 10 多年中，研制了几款简单的人工智能机器人。受当时计算机数据处理速度和容量的限制，在 20 多年的时间里，人工智能技术发展缓慢，并淡出了科技界和政府投资的视野。应该说，计算机软硬件技术的快速发展，深度学习技术的问世，让人工智能从寒冬走向了春天。1997 年，IBM 深蓝超级计算机战胜了国际象棋世界冠军，经过 14 年的开发升级，2011 年又是 IBM 的沃森智能计算机使用新开发的自然语言回答问题的人工智能程序，在智力竞赛游戏中打败两位人类冠军。之后两年深度学习算法被广泛用于产品开发中，各类人工智能研究机构相继建立，2014 年家用机器人首次通过图灵测试，2016 年美国谷歌公司开发的 AlghaGo 智能机器人战胜韩国的围棋世界冠军，借助互联网等各种媒体的炒作和传播掀起人工智能热潮，使人工智能上升为当今领跑的主导学科。特别是近年迎来了新一代人工智能理论和技术全面突破、蓬勃发展、广泛应用的新阶段。大数据、人工智能、跨媒体智能、群体智能、混合增强智能、自主智能系统竞相发展、并驾齐驱，相关基础理论、核心技术、模型方法、核心器件、高端设备和基础软件等方面取得众多标志性成果。感知识别、语音识别和智能机器翻译、专家系统、自主无人系统、智能导航、智能研判预警等应用系统及产品形成较大市场规模和较高经济社会效益，智能工厂、智慧诊病、智能电网、智能交通、智能物流、智能农业、智慧应急、智慧家庭、智能城市等新业态、新模式快速兴起、千帆竞渡。特别是立足大数据、云计算、智能感知网、工业互联网等高端信息技术的平台，人工智能大展威力，数字化网络化智能化一体，与传统产业、行业融合并赋能智慧，智能化融通于社会生活各个神经末梢，人类向着智能化社会跨越，以智能化为特征的第四次工业革命浪潮将汹涌澎湃、席卷全球，社会运行模式、人们生产生活方式、战争及其他竞争模式都因智能化而产生深刻变革。

2. 基础技术的重大更新换代

包括芯片等基础元器件、基础软件、信息存储处理传输等信息科技基础技术，更新换代加速，除一般迭代升级之外，颠覆性创新已露端倪，现如今硅基芯片“一统天下”的格局正在被突破，基础主干技术将从以电子学为主导向量子信息为主导跨越升级。

（1）摩尔定律接近极限但升级势头不衰。集成电路芯片 7 纳米进入大规模商业应用，2022 年韩国三星公司公布 3 纳米芯片投入生产，IBM 公司宣布 2 纳米芯片研制成果，向 1 纳米极限探索的努力仍在继续。美国凭借其技术优势，实行技术垄断，限制高端先进芯片及制造装备出口，对中国等国家“卡脖子”技术封锁，这种打压，倒逼“破卡”的技术创新，如提高自主制造装备技术水平，在量大面广通用先进芯片（如 28 纳米、14 纳米）上实现自主制造供应。再者，通过三维芯片堆叠封装技术创新，达到几纳米级芯片的性能要求。这标志着在摩尔定律下的芯片研制生产将出现多元化竞争格局，该类技术的生命周期还将持续若干年。

（2）另辟蹊径寻求硅基芯片替代品。如碳基芯片研发取得可喜突破，北京大学团队几十纳米量级碳纳米管集成电路有望进入量产。中国科学院光量子芯片研究、浙江大学超导量子芯片研发都取得突破性成果，展现了我国打破以美国为首的主要“卡脖子”项目——高端芯片设计制造的希望，成为高端科技自立自强的重要标志。

（3）芯片架构和设计软件呈现多元格局。突破美国主导的 X86 架构垄断，合作开发应用 ARM 芯片架构，成长为自主芯片研制的另一途径。特别是近年，我国的创新联盟基于精简指令集开源的RISC-V架构平台，有望在CPU芯片自主创新上弯道超车，从而突破垄断禁令而实现高端自立。芯片设计的关键工具 EDA 软件的中国版呼之欲出。在现有信息基础技术上从跟跑向并跑转变已展露新的希望。

（4）新量子革命将引领信息科技颠覆性换代。自 20 世纪 90 年代以来，随着量子物理基础检验的深入，人们具备了对光子、原子等微观粒子进行主动调控的能力，从而能够以一种全新的“自下而上”的方式利用量子规律，奠定新一代量子信息科技基石，从而取代基于经典电子学的现有信息科技，实现信息科技重大变革。为量子调控技术的系统性应用，量子信息科学（包括量子通信、量子计算、量子精密测量等）可以在确保信息安全、提高运算速度、提升测量精度等方面突破经典技术的瓶颈，成为信息、能源、材料和生命等领域重大技术创新的源泉。通信是最早走向实用化和产业化的量子信息技术，已被国际上公认是事关国家安全的战略必争领域。中国量子通信目前处于国际领先地位，中国科学技术大学潘建伟院士团队，建立基于可信中继的城际量子通信网络，并对京沪干线光纤量子通信骨干网进行了测试。2016 年，量子科学实验卫星“墨子号”发射，成功进行了量子密钥分发、千公里级星地量子纠缠分发、隐形传递的实验验证。实现中国北京和奥地利维也纳之间的洲际量子通信实验，开展了与德国、意大利、俄罗斯等国的量子通信的合作。

量子计算具有强大的并行计算和模拟能力，为人工智能、密码分析、气象预报、石油勘探、基因分析、药物设计等所需的大规模计算难题提供了解决方案，并可揭示量子相变、高温超导、量子霍尔效应等复杂物理机制。量子计算机的计算能力随可操纵的粒子数呈指数增长。一台操纵 100 个粒子的量子计算机，对特定问题的处理能力将达到目前全世界计算能力总和的百万倍。中美两国在量子计算方面依然走在世界前列。2019 年，美国谷歌公司宣称 AI Quantum 研究小组的 53 量子比特处理器实现了“量子霸权”。由中国科学技术大学潘建伟和陆朝阳率领的物理学家团队利用量子计算原型机“九章”，实现了“高斯玻色取样”任务的快速求解。在线发表在国际学术期刊《科学》上的论文显示，其结果是 76 个被探测到的光子，这远远超过了先前创下纪录的 5 个被测光子以及经典超级计算机的运算能力。

量子精密测量，对时间、位置、重力等物理信息实现超越经典技术极限的精密测量，大幅提升卫星导航、激光制导、水下定位、医学检测和引力波探测等的准确性和精度。相关实验研究已在积极开展。

从整体分析，美国在半导体等基础技术领域仍处于世界领跑水平，对技术和市场占有垄断优势。中国后来居上的势头强盛，突破封锁充满希望，实现并跑指日可待。在量子信息领域，美国的研发和产业化综合实力强劲，中国在一些领域有比较优势。

3. 超级计算和云计算技术的持续升级

作为信息化的“心脏”，21 世纪以来超级计算与云计算并行发展、相互促进、各显其能，成为信息化加速的强大引擎。随着互联网的普及和大数据技术的发展应用，特别是人工智能技术的应用普及，对数据处理能力和效率的指数级增长提出迫切要求，计算能力成为信息化、智能化发展实际的关键甚至瓶颈，这必然倒逼超算和云计算技术快速发展。

超算与云计算既有密切联系，又有明确分工，高端计算的“阳春白雪”与普遍应用的“下里巴人”携手担当驱动信息化、智能化发展的使命。超级计算机主要用于科学研究、过程模拟、军事研究与支撑、动漫渲染（及影视数字模拟场景制作）等计算密集应用场景，如支撑天气预报的气象云图等数据分析、地震监测数据分析研判及预报、分子生物学、人工智能应用支撑（如 IBM 的深蓝、沃森超级计算机）、大型工程建设和装备设计制造的数字模拟优化等。而云计算基于互联网，主要侧重于辅助管理的数据密集处理场景，通过分布式计算方式，可以将巨大的数据计算程序分解为大量的小程序，分发给多部服务器计算，得出结果后再返回给用户。在这个过程中，云计算厂商提供一些软硬件和信息资源，给相应服务的用户共享，依靠其灵活的扩展能力，更多应用于社交网络、企业 IT 建设和信息化等数据密集型、I/O 密集型的领域。二者都是基于平行计算原理，超级计算机的许多技术应用于云计算服务器的升级，二者都能参与分布式计算、网格计算、高密度计算等，而在一些工业云之类的应用场景下，云计算也能发挥提供超级计算能力的作用。

近 20 年来，代表国家信息化技术水平的超级计算机的研制发展你追我赶，美国、日本等老牌领先者与后来居上的中国竞争火热。十几年中，中国的“天河二号”蝉联 6 次世界冠军，具有完全自主知识产权的中国“神威·太湖之光”连续 4 年世界第一，这几年美国、日本等国加大赶超力度。2022 年 5 月，世界计算机大会在德国法兰克福举行，一个引起全球关注的事件是公布 2021 年世界超级计算机 500 强排名。日本的富岳第二次蝉联冠军，峰值为每秒计算 44.6 亿亿次，系统处理器数升级为 763 万多个。美国 IBM 公司的两款产品分别获得第二名、第三名，速度分别为每秒计算 14.8 亿亿次、每秒计算 9.4 亿亿次。曾蝉联四届冠军的中国“神威·太湖之光”获得第四名，速度为每秒计算 9.3 亿亿次。

前十名中，美国占据 4 席，中国占据 2 席。但按进入前 500 名的总量排名，中国以 184 个位居总量第一。

在中国，互联网的广泛应用和数字化经济的飞速发展，构成了世界最大规模的市场，拉动了大数据和云计算技术的加速发展升级。中国成为世界最大的高性能服务器制造国，中国企业成为服务器提供商的龙头。

大数据技术通过对数字世界的挖掘分析，提高对现实社会的感知力和掌控力，其特征为海量的数据规模、快速的数据流转、多样的数据类型和低价值密度，其战略意义为以互联网为平台，在网站上提供快速且安全的云计算服务与数据存储，让每一个使用互联网的人都可以使用网络上的庞大计算资源与数据中心。使用户不受时间和空间的限制，通过网络就可以获取无限的资源和便捷高效的服务。对海量数据进行分布式数据挖掘分析，必须依托云计算的分布式处理、分布式数据库和云存储、虚拟化技术。大数据和云计算融为一体，数据正在成为一种新的优势资源，云计算成为一种新的社会生产力，云计算服务成为一种社会公共基础设施，为更多的政府部门、企业和家庭用户提供服务。云计算正在从垂直走向整合，云计算的范畴越来越广，人工智能功能开始成为其重要组成部分。随着公有云公司提供机器学习和人工智能，意味着人工智能的优质基础设施同样会大范围普及，促进人工智能产业的发展。毫无疑问，云计算已经成为信息行业的主题：国内外企业巨头一致地把“云”当作未来发展的重点，其市场前景将远远超过计算机、互联网、移动通信和其他市场。作为代表性的新基础设施，中国的“东数西算”工程，在世界率先构建了融数据中心、云计算、大数据为一体的新型算力网络体系，优化了全国的数据化布局，打下了数据化、网络化、智能化的新基础设施，其意义超过现有的能源网络，为我国向智能社会跨越提前布局。

4. 第三代互联网构建全域覆盖的智能化平台

第三代互联网（现多称工业互联网）以新一代移动通信技术（5G、6G）为支撑，构建“天地一体化”的立体网络，形成万物互联、敏捷感知、高速即时、泛在便利、智能辅助的高级赋能网络平台。

自20世纪70年代起，美国国防部高级研究计划局主导发明的“阿帕网”逐步从军用转向民用，通过互联协议，互联网从局域网到万维网，80年代后美国自然科学基金会（NSF）在此基础上建立了科研互联网，为科学家共用高性能计算机和相关信息资源建立起科研与交流合作的重要网络平台，从此科研互联网逐步联通世界其他国家，这被称为第一代互联网，即科研互联网。1994年“美国信息基础设施建设计划（信息高速公路计划）”的提出，意在加强计算机技术与通信技术的结合，加快光纤传输与异步传输模式（ATM）交换技术的迅速发展，逐步将电信光缆铺设到家庭用户；通过卫星通信和电信光缆连通全球信息网络。“信息高速公路”是一个前所未有的电子通信网络，提供远距离的银行业务、教学、购物、纳税、聊天、游戏、电视会议、点播电影、医疗诊断等服务。由此推动了新世纪第二代互联网，即消费互联网的形成和发展。特别是随着 3G、4G 移动技术的发展，消费互联网成为服务全球几十亿人的电子商务、电子政务、网购、社交、娱乐、自媒体的巨大网络平台。随着物联网技术的发展，万物互联的感知网与互联网的融合，工业互联网问世。虽然美国、德国、日本等国得益于工业装备互联的进步而提升企业数字化、网络化、智能化水平，但 5G 技术的发展应用，将加快推动从第二代消费互联网向第三代工业互联网的升级。

名曰工业互联网，实质是通过新型网络、人工智能、大数据等新一代信息技术在工业中的深度融合和创新应用，建立广泛连接人、机、物等各类生产要素的全球性网络，形成贯穿全产业链的实体联网、数据联网、服务联网的开放平台，实现产业数字化、网络化、智能化发展的重要基础设施。

当前工业互联网的最底层基础平台是 5G 网络。相对于 4G 网络，5G 在巨容量、高速度、低延时等指标上有了质的飞跃，完全可以胜任万物互联后产生的海量数据的高速传输，以高保真度几乎可以同步实施传输，确保柔性控制的精确性。由于中国在 5G 技术先进性及专利占有率方面领先美国、欧盟国家等，中国龙头企业华为公司受到以美国为代表的西方国家拼命打压，但华为仍凭技术实力和服务卓越抢占市场。美国等西方国家争夺 5G 主导权，不仅是为了争夺移动通信市场，还担忧其在工业互联网领域会落伍。6G 研发及标准的竞争日益激烈、暗流涌动，在 5G 的基础上，“天地一体化”的立体网络将是 6G 的典型特征。在数据传输容量、速度、低延时等方面又将有指数级的提高。美国特斯拉的“天链系统”也开始组网，中国的“天地一体化”的卫星互联网也在加速建设，激烈的国际竞争必将加速工业互联网平台的快速发展和应用普及。另外，第六版互联网协议——IPV6正在加速替代现用主流的IPV4，它提供的互联网地址相对有了若干倍增长，正像业内所描绘的“几乎每个沙子都可得到一个网址”那样，IPV6为更多设备等联网、高速、安全传输和运营提供了有力的基础技术支撑。

在此基础技术支撑基础上，工业互联网可包含“三网四层面”的功能架构。“三网”，即实体联网、数据联网、服务联网；“四个层面”，即智能感知层、网络互联层、数据分析层、开放服务层。构成一个人、机、物有机互联的智能网络。由此可见，工业互联网典型体现了多学科交叉、多应用驱动、多技术融合的特性，研究与应用交织进行。一系列重大科学和技术问题，如全模态信息表征原理、全要素互联组织机理、全场景智能认知机制、全流程柔性协同理论等尚待深入系统研究，工业智能感知、互联与系统集成、工业大数据与人工智能、柔性控制、平台软件、网络安全等关键技术难题亟须攻克，工业互联网的科学理论和技术体系、应用标准规范将在研究开发和应用驱动下逐步完善升级。

随着人工智能、区块链、物联网、云计算、大数据、5G通信等工业互联网核心技术的进步和在工业场景中的不断应用，工业互联网将向泛在化、协同化、智能化的方向不断发展，最终有效提升工业产能并演化新的业态，提升全价值链的优化和控制能力，提升社会公共服务发展质量，支撑新一轮科技革命和产业变革。

同时，在各领域的应用推广将前波后浪加速向前，作为智能化的基础平台，将推进智慧工厂、智能能源、智能交通、智慧应急、智慧家庭、智慧城市等众多领域蓬勃发展。

5. 感知技术群体突破崛起

随着物联网，特别是工业互联网的发展，作为数据采集主力的感知技术地位得到大幅提升。传感器作为现代科技的前沿技术，被认为是现代信息技术的三大支柱之一，直接关系我国自动化、智能化的发展，是全球公认的最有发展前途的高技术产业。

第一代结构型传感器逐步被替代，现在普遍采用第二代固体型传感器，即由半导体、电介质、磁性材料等固体元件构成，利用材料的某些特性制成的传感器。其中，微机电系统（Micro-Electro-Mechanical Systems，MEMS），是在微电子技术基础上发展起来的多学科交叉的前沿研究领域，涉及电子、机械、材料、物理学、化学、生物学、医学等多个学科与技术。它采用微电子和微机械加工技术制造新型传感器，是把微传感器、微执行器制造在一块芯片上的微型集成系统。MEMS 中的核心元件一般包含两类：一类是传感器或执行器，另一类是信号传输单元。传感器将外界信号转换为电信号，执行器与外界产生作用，信号传输单元能够对信号进行处理并与其他微系统连接。与传统的传感器相比，它具有体积小、重量轻、成本低、功耗低、可靠性高、灵敏度高、适于批量化生产、易于集成和实现智能化的特点。同时，在微米量级的特征尺寸使得它可以完成某些传统机械传感器所不能实现的功能。经过多年的发展，已占据主导地位，成为世界瞩目的重大科技领域之一。覆盖热敏、光敏、力敏、磁敏、声敏、气敏、湿敏、振动等感知功能，器件涵盖射频 MEMS、光学 MEMS、压力传感器、麦克风、加速度计、陀螺仪、惯性传感器、磁力计、微型压力传感器、加速度传感器、容性接近传感器、感性接近传感器、光电传感器、超声传感器、车载传感器等诸多产品类型。

感知技术探究发展的重点是集聚工业互联网相关的万物互联的新一代网络。一是产业智能化领域，围绕装备联网的自动化实时精准控制、产品精准研判，生产流程优化分析，产业链与供应链的互动融合等。二是安全领域，安全生产的监测预警，及早发现风险隐患，提升本质安全水平，全过程智能监管，高效应急处置；自然灾害的监测预警，建立“空天地一体化”的监测预警网络，对气象灾害、洪涝灾害、地质灾害、森林草原火灾全域实时监测，科学分析研判，及早准确预警；社会治安的监测预警等。三是智慧城市运营，首先是城市安全的监测预警，包括水电热暖等城市生命线、高层建筑和城市综合体、城市地下地上交通、高风险居民小区、人员密集型场所、灾害防治等安全监测预警、公共服务的数字化网络支撑和智能化管理等。四是车联网及智能交通，包括无人智能汽车、交通智能调度管理、交通安全监测防范，各种车载、道路感知器件和网络成为重点。五是卫生健康领域，用于检测生物电位信号的电生理传感器、生物传感器、微生物及酶传感器、化学传感器、光纤传感器等。六是航天及空天探测领域，对地观测、宇宙探测、科学研究探测（如宇宙射线、暗物质、暗能量、引力波等），感知器件装备都将是科学前沿重大问题。当然，数字化、智能化战场对感知技术提出更多创新要求。

目前发展势头强劲并潜力巨大的是智能型传感器，特别是移动传输感知信息微纳智能型传感器。感知技术必将是多学科、多领域技术交叉融合创新的重点，先进检测技术与边缘计算、人工智能、感知网、接口技术、嵌入式系统、先进材料技术、生物技术、区块链、5G 等前沿技术的融合，都将为新一代感知技术研究发展和产业化带来广阔空间。

从国际比较看，美国、欧盟国家、日本在先进感知技术方面仍然处于领先地位，特别是一批知名的国际大公司仍处于技术高端甚至垄断地位。我国近年发展势头迅猛，从材料、器件、系统到网络，已形成较为完整的传感器产业链。在网络接口、边缘计算、微纳技术、MEMS、传感器与网络通信融合、物联网体系架构等方面取得较大进展，但在核心关键技术研发方面与先进国家还存在差距。在巨大的市场需求牵引和自主创新驱动下，我们必将在感知技术自立自强方面取得新的突破。

6. 内容拓展升级的功能模块将更加可靠、丰富

信息领域新概念、新技术不断出现，基于新一代互联网的专用服务功能模块或子平台不断产生，种类不断丰富，开辟了不少新的功能，赋能更加多元、高效。下面主要介绍其中几个。

（1）区块链。区块链初始作为特殊加密工具起源于虚拟货币，是分布式数据存储、点对点传输、共识机制、加密算法等计算机技术在互联网时代的创新应用模式，是一种去中心化、不可篡改、可追溯的分布式账本。主要特点为：

——去中心化：通过 P2P 网络技术、共识机制建立不同节点之间的信任关系。

——不可篡改：区块链网络通过密码学中的哈希函数及非对称加密保证区块链信息不被篡改。

——可追溯：区块链中的每一个区块保存的信息中都包含上一个区块的哈希值，可以追溯本源。

区块链技术作为一种通用技术，从数字（虚拟）货币加速渗透至其他领域，可与各行各业创新融合，以智能合约的应用为特征，通过智能合约推动多业务系统的协作，扩展了区块链的应用领域。区块链将成为价值网络的基础，成为未来互联网不可或缺的一部分。区块链将实现与物联网、云计算等技术紧密结合、融合发展。跨链需求增多，互联互通的重要性凸显。未来这些众多的区块链系统间的跨链协作与互通是一个必然趋势。跨链技术是区块链实现价值互联网的关键，区块链的互联互通将成为其越来越重要的特征。

区块链技术未来研究发展方向主要聚焦对产业发展和社会治理创新作用的基础理论以及核心关键技术开展研究和攻关，以构建完善的区块链生态系统为目标，产出一批原创性理论成果和关键技术，建设自主创新的底层技术平台和支撑行业应用的基础设施。未来的区块链应用将脱虚向实，从单一向多元方向发展。更多传统企业使用区块链技术来降低成本、提升协作效率，在大规模协作领域提高行业的运行效率和管理水平。激发实体经济增长，是未来一段时间内区块链应用的主战场。随着应用场景日益丰富，应用将推动区块链技术不断完善，催生出多样化的技术解决方案。共识算法、服务分片、处理方式、组织形式等技术环节上都有提升效率的空间。可信是区块链的核心要求，标准规范的重要性日趋凸显，还需要标准为区块链增信。区块链依然存在安全问题，未来还需要从工程和管理等层面加强安全保障，也需要标准提升可信程度。

还有一个重要的方向是，区块链芯片正在成为高端云平台安全运行的大脑和心脏，其加密的可靠性可保障数据的保密和安全。

（2）边缘计算。边缘计算，是指在靠近物或数据源头的一侧，采用网络、计算、存储、应用核心能力为一体的开放平台，就近提供最近端服务。实质是在“端”部采集数据后直接进行相关处理。其应用程序在边缘侧发起，产生更快的网络服务响应，满足行业在实时业务、应用智能、安全与隐私保护等方面的基本需求。边缘计算处于物理实体和工业连接之间或处于物理实体的顶端。边缘计算与云计算区分处理数据，有分工又有合作互动。如果说云计算是集中式大数据处理，边缘计算则可以理解为边缘式大数据处理，即在端部数据采集后直接处理，是一种分布式大数据处理方式。而云计算，仍然可以访问边缘计算的历史数据。边缘计算技术取得突破和广泛应用，意味着许多控制将通过本地设备实现而无须交由云端处理，处理过程将在本地边缘计算层完成。这无疑会大大提升处理效率，减轻云端的负荷。由于更加靠近用户，还可为用户提供更快的响应，将需求在边缘端解决。

随着物联网特别是工业互联网的发展应用，所采集处理的大数据量大幅增加，边缘计算快速发展，成为通过云网端融合提升大数据高效、高速处理的支持技术。边缘计算是在高带宽、时间敏感型、物联网集成这个背景下发展起来的，并已经逐步在物联网、AR/VR场景以及大数据和人工智能行业有所应用。

边缘计算促进了三种技术的融合，也就是运营、信息、通信技术的融合。而其计算对象，则主要定义了四个领域：一是设备域，在边缘侧完成处理；二是网络域，在传输层面，其传输方式、机制、协议都会有不同，需要解决传输的数据标准问题；三是数据域，包括数据传输后的数据存储、格式等问题，也包括数据的查询、数据交互的机制和策略问题；四是应用域，这个可能是最难解决的问题，即如何使针对这一领域的应用模型更实用化。

边缘计算技术的生态系统正在经历快速迭代。不断发展的边缘应用需求层出不穷，例如计算机视觉、自然语言处理、电信无线接入网络和自动驾驶等领域都在掀起新一轮边缘计算应用浪潮。虽然目前只有10%的数据是在数据中心之外生成的，但依据专业分析报告，预计到2025年，70%以上的数据将来自核心数据中心或云之外。这些数据需要由具有强大计算、存储和网络功能的边缘系统在本地就近处理，以便以非常低的延迟、以近乎实时的方式生成分析报告和商业见解。同时应用程序也正在向边缘发展。分析师预测，预计到2024年，边缘的应用程序数量将增长几倍。

今后的发展重点是，边缘技术需要克服支离破碎的技术环境，创建满足业务需求的完整统一的边缘解决方案；确保边缘IT基础设施在多样的物理环境，如大温度梯度、灰尘、水分和物理冲击等限制条件下可靠运行；有效管理和操作大规模部署的远程和广泛分布的异构边缘系统；确保边缘系统的运营团队和管理流程能够与传统的 IT 系统无缝高效地协同工作；为处于不同地点的多种边缘系统提供快速、可靠和安全的服务和支持；从物理和逻辑上保护远程和广泛分布的边缘系统不受恶意攻击。边缘系统需要与私有云和公有云等混合云系统无缝连接。为边缘计算而优化的 IT 基础架构设施，软件定义的数据网络，提供跨域的灵活信息连接，从边缘到混合云系统的一致性管理和操作体验，支持本地的高要求云原生应用程序的能力，全面的业界领先的生态系统以支持独特的业务需求，可靠且高效的支持服务以及全球供应链网络，帮助确保边缘系统运营不受干扰。

边缘计算芯片已投入商业化应用。研究高密度、低功耗、低成本的边缘计算片上系统（SoC），搭载轻量化嵌入式操作系统，面向各行业领域展开应用，有效提升边缘计算系统普适性，助力实现万物数字化、智能化、互联化。如在健康实时监测微型智能传感器中发挥着核心作用，我国在此处于领先地位。

（3）数字孪生。近年来，数字孪生技术在建筑、基础设施、智能制造等建设领域的应用逐渐活跃。在国内应用最深入的是工程建设领域，主要将其作为产品进行全生命周期的管理。关注度最高、研究最热的是智能制造领域。基于现实世界的天气模型和虚拟现实环境也是重点领域之一。

美国国家航空航天局（NASA）在阿波罗项目中最先在智能

制造领域使用数字孪生概念，当时被认为是超越现实的概念。主要应用数字孪生技术对飞行中的空间飞行器进行仿真分析，监测和预测空间飞行器的飞行状态，辅助地面控制人员作出正确的决策。应用数字孪生技术主要是创建和物理实体等价的虚拟体或数字模型。虚拟体不但能够对物理实体进行仿真分析，而且能够根据物理实体运行的实时反馈信息对物理实体的运行状态进行监控，还能够依据采集的物理实体的运行数据完善虚拟体的仿真分析算法，从而对物理实体的后续运行进行改进。

数字孪生是现实世界中某些事物的计算机化。主要方法是充分利用物理模型、传感器更新、运行历史等数据，集成多学科、多物理量、多尺度、多概率的仿真过程，在虚拟空间中完成映射，从而反映相对应的实体装备的全生命周期过程。数字孪生是一种超越现实的概念，可以被视为一个或多个重要的、彼此依赖的装备系统的数字映射系统。

数字孪生作为普遍适应的理论技术体系，可以在众多领域应用，在产品设计、产品制造、医学分析、工程建设等领域应用较多。随着工业物联网的发展，大多数企业已经创建了反映其运营状态的数字孪生技术。例如，制造商可能在其工厂车间的每台设备上都部署了数字孪生设备，以便监测其生产线的状态。当有成千上万的传感器正在传输用于更新数字孪生设备的数据时，企业就需要大量带宽。许多企业都在使用边缘计算在现场进行一些必要的处理，以便他们可以将较小的数据子集传输到数字孪生设备。

2015年之后，世界各国分别提出国家层面的制造业转型战略。

这些战略核心目标之一就是构建物理信息系统，实现物理工厂与信息化的虚拟工厂的交互和融合，从而实现智能制造。数字孪生作为实现物理工厂与虚拟工厂的交互融合的最佳途径，被全球科技界和企业高度关注。

（4）虚拟现实（VR）/ 增强现实（AR）。VR/AR 技术在几年时间里“飞入寻常百姓家”，应用场景从“阳春白雪”到“下里巴人”，涉及诸多领域、行业，发展应用势头经久不衰。VR/AR 技术综合了计算机图形技术、计算机仿真技术、传感器技术、显示技术等多种科学技术，它在多维信息空间上创建一个虚拟信息环境，能使用户具有身临其境的沉浸感，具有与环境完善的交互作用能力，并有助于启发构思。VR 的三个基本特性是沉浸、交互、构想，核心是建模与仿真。

AR 和 VR 为用户创建了身临其境且高度逼真的环境。但是提供这些环境所需的图形需要大量的处理能力，尤其是以图形处理单元（GPU）的形式。尽管可以在云平台中进行此处理，但是由于来回传输数据而导致的延迟会导致滞后，从而使 AR/VR 环境的真实性降低。因此，AR 和 VR 环境几乎总是依赖具有边缘计算功能的设备，例如具有内置 GPU 的高性能耳机。

其应用可拓展到更广的领域，如电视会议、网络技术和分布计算技术，并向分布式虚拟现实发展。虚拟现实技术已成为新产品设计开发的重要手段。其中，协同工作虚拟现实是 VR 技术新的研究和应用的热点，它引入了新的技术问题，包括人的因素和网络、数据库技术等。如人的因素，已需要考虑多个参与者在一个共享的空间中如何交互，虚拟空间中的虚拟对象在多名参与者的共同作用下的行为等。在 VR/AR 环境下进行协同设计，团队成员可同步或异步地在虚拟环境中从事构造和操作虚拟对象的活动，并可对虚拟对象进行评估、讨论及重新设计等活动。分布式虚拟环境可使地理位置上分布不同的设计人员面对相同的虚拟设计对象，通过在共享的虚拟环境中协同使用声音和视频工具，可在设计初期就能够消除设计缺陷，加快产品上市步伐，提高产品质量。此外，VR 已成为构造虚拟样机，支持虚拟样机技术的重要工具。

（5）元宇宙。2021 年，全球笼罩在新冠肺炎疫情的阴霾里，由于防疫隔离，脸书等平台推出了元宇宙的新理念，并宣称 2021 年是元宇宙元年。大家对元宇宙的看法众说纷纭，如元宇宙不是现实的替代，是与现实世界并存的虚拟世界；互联网是现在，元宇宙是未来；未来十年将是元宇宙的黄金十年；第三代互联网将带来元宇宙的变革时代。他们设想，元宇宙是一个人人都会参与的数字新世界。未来，每个人的生活、娱乐、社交、工作都将在元宇宙中完成。技术变革的大幕已经拉开，区块链创造数字化的资产，智能合约构建全新智能经济体系，人工智能成为全球数字网络的智慧大脑，5G 网络、云计算、边缘计算构建更加宏伟的数字新空间，物联网让物理世界向数字世界映射，AR 实现数字世界与物理世界的实时叠加。

虽然元宇宙目前在科技界，特别是 IT 界尚未取得共识，但却引起社会极大兴趣。科学离不开大胆想象，颠覆式创新更要有奇特思维。多数人认为，元宇宙是利用科技手段进行链接与创造的，与现实世界映射与交互的虚拟世界，具备新型社会体系的数字生活空间。可以是整合多种新技术而产生的新型虚实相融的互联网应用和社会形态，它基于扩展现实技术提供沉浸式体验，以及数字孪生技术生成现实世界的镜像，通过区块链技术搭建经济体系，将虚拟世界与现实世界在经济系统、社交系统、身份系统上密切融合，并且允许每个用户进行内容生产和编辑。

观望、争论、炒作，历史上罕见一个新技术、新业态尚未问世就被如此热炒。但从技术基础和发展趋势看，多元融合，集成创新，升级版的虚拟现实沉浸式体验系统是现实的，期待充满畅想的颠覆创新在不远的将来能带给我们惊喜。

7. 与工业化、城市化深度融合带动各领域技术升级换代

信息化的几次浪潮，影响范围覆盖社会各个领域、经济各个方面、所有行业和产业（无论是传统产业还是新兴产业）；带动产业变革升级，推动着生产方式、工作方式、服务业模式、生活方式、人们思想观念等全方位深刻变革，引领着人类社会从工业化向信息化、智能化的历史跨越。

（1）在工业化与数字化、网络化广泛融合的基础上，5G+ 工业互联网的应用普及，加速了向智能化的新一轮升级。智能制造的升级势头强劲，智能自动化生产线日益普及，智能数字化生产装备逐渐成为主流，无论是离散化制造还是流程制造，智能化工厂在多地崛起，雁阵式辐射延伸。供应链、产业链、资本链、创新链与经营管理系统的逐步融合，提升了产业、行业整体信息化、智能化水平。网络协同制造，扩大了应用范围，工业信息物理融合理论与系统、工业物联网基础与体系、工业大数据理论与技术、工业网络系统安全理论与技术、智慧数据空间及工业大数据前沿高技术开始进入生产一线。基于“互联网+”的研发设计体系、基于信息物理系统（CPS）与物联网的智能工厂、基于云模式的供应价值链协同体系、支撑价值链重构的服务生命周期管理体系以及大数据驱动的企业资源集成与共享空间支撑着智慧企业的现代化运营。

（2）延续几千年的农业生产充满现代化气息。智能化育种，智能化温室大棚，土壤、水、肥的智能化测定，互联网订单式农业和农产品购销，应用北斗卫星定位系统、数字化农机和互联网，耕种、施肥、收割的智能化操控。智能化养殖、仓储等正在拓展。移动互联网的逐步普及，使乡村与城市同样充满现代化的气息。

（3）安全监测预警系统的发展推广。信息技术在防范重大安全风险、及时准确监测预警、高效处置突发事件等方面发挥了关键作用。“空天地一体化”的覆盖洪涝、台风和强对流天气、冰冻雪灾、地质灾害、森林草原火灾等自然灾害的信息化网络正在形成，工业互联网+安全生产逐步铺开，矿山、危险化学品、工贸企业的风险监测预警网络建立，智慧应急、智慧安全监管、智慧消防、智能矿山等示范推广面逐步扩大。“雪亮工程”等遍布城乡的安全监控预警系统，布下了守护人民平安、震慑违法犯罪的信息天网，大数据、人体生理特征识别等在疫情防控、交通安全监管、案件侦破中发挥独特作用。

（4）远程教育、远程医疗和智能诊断。从电视用于远程教育开始，网络化、智能化的远程教育遍布城乡，边远地区中小学的孩子们可以聆听高水平教师的授课，通过线上点播和互动，增加对世界的了解、增长知识，更加体现教育公平。通过互联网普及科技、文化、专业技术知识，助力提高全民科学文化素质。远程医疗使城市优质医疗资源、高水平医生的诊断惠及全国患者，特别是边远贫穷地区的患者。随着 5G 和工业互联网技术的普及，运用高水平医疗装备诊断、智能诊断、线上会诊提升了基层医疗水平，远程线上指导手术有效提升了抢救的效率和治疗水平。

（5）智能交通逐步升级。交通流量优化管理和智能管控逐步普及，车载监控仪器提高了安全驾驶水平。北斗、GPS 导航技术的普遍使用，促进了自驾旅游业的兴起。无人驾驶智能汽车的实验、试点顺利展开。智能汽车互联网进入实验验证阶段。随着高铁的全国普及联网，通信、互联网、安全监测等新一代信息技术的融合，大幅提升了智能运营和安全保障能力。

（6）智慧城市。智慧城市建设列入了众多城市的发展规划，大家都在以前瞻的意识赶上第四次工业革命智能化这趟列车。不少城市采取务实态度，基于 5G+ 工业互联网的基础设施，以集成融合现有城市化网络系统、整合共享数据资源、建设城市安全发展监测预警智能化信息系统为切入点，搭建起智慧城市的平台。把住建部门负责的水电热气城市生命线市政工程，房屋楼宇管理，城市建设工地管理，小区管理，交通部门分管的地下地上交通系统，执法部门负责的社会治安信息化工程，应急部门负责的自然灾害、安全生产、消防等监测预警系统，在 5G+ 工业互联网的基础平台整合融合，增加智能分析研判预警功能，筑牢安全的智能保障系统，同时也可作为城市运营管理和服务的智能化公共网络平台。

（7）智能军事装备和智慧战场。在信息化的基础上，发展为武器装备的智能化、空天地综合信息感知的智能化、军事指挥的智能化决策辅助、战场虚拟现实模拟智能化演练，对敌打击的远程化、无人化、精准化，信息化、智能化上升为军事综合实力、战斗力生成的核心要素，展示了深刻的现代军事变革成果。

（8）助推多个学科领域科研走向深层和高端。超级计算机、大数据、人工智能、量子科技作为先进科研手段，完成了用普通科研手段不可能达到的深度、高度和获得的成果。如人类基因组测序数据库，AlphaFold 人工智能完成的蛋白质折叠结构，用于气象预报的大气物理数字分析模拟系统，地理信息系统，量子纠缠通信安全技术，应用量子测量技术对宇宙的探索等。

三、几个重点领域竞相突破甚至颠覆创新

1. 生命科学加速群体突破

自新冠肺炎疫情在全球暴发以来，全球热点聚焦防疫，科学家的精力更多致力于生物学发展。《科学》杂志创刊 125 周年之际发布了 125 个挑战全球科学界的重要基础问题，其中涉及生命科学的问题约占 54%（共 68 个）；2019—2021 年，《科学》

评选的“年度十大科学突破”中，与生物学相关的突破占 17 项。生物学研究已成为全球科技创新的热点领域与竞争核心。

生命科学作为当今在全球备受关注的基础自然科学，在细胞生物学、分子生物学、生态学和神经生物学四大前沿领域都取得了重要进展。基础研究的突破引发的生物医药技术新一轮创新态势强劲，基因编辑、干细胞与组织再生、生命组学、单细胞测序技术、合成生物学、脑机接口、生物成像、免疫治疗等一系列生物医药高新技术的重大突破，提高了人类认识和解析生命的能力，推动了生物医学研究向精准、定量和可视化方向发展，生物医药技术应用的深度与广度不断延展。

作为“人类基因组计划”的主要领军完成者，麻省理工学院和哈佛大学布鲁德研究所的科学家解析人类基因组功能、揭示癌症关键突变与重要通路、解读细胞反应生物回路、阐明重大传染病分子机制等基础前沿方向，以及遗传疾病基因诊断、高通量药物筛选、新药靶标快速识别发现、候选药物测试的模式细胞与组织构建等新技术、新方法开发方面，成为全球的风向标。近年来，布鲁德研究所取得了系列重要代表性成就：开发新型“碱基编辑器”，能够在人类细胞中进行精准 DNA 碱基替换与修改，有望用于靶向治疗人类单基因遗传疾病；成功研发 DNA 显微镜，能够通过细胞自身 DNA 变化情况，获取细胞内生物分子的基因序列和相对位置，实现了在基因组水平对细胞代谢规律的揭示；绘制人类第一代癌细胞系转移图谱 MetMap，能够揭示癌症转移的器官特异性模式，有望阐明癌症转移机制并开发出预防癌症转移的新疗法；建立全新 RNA 递送平台 SEND，利用逆转录病毒样蛋白实现 RNA 包装和递送，为基因治疗提供了全新的递送载体。这些颠覆性研究成果，是全球生命科学前沿创新的重要标志。

CRISPR 基因组编辑技术的发明及应用，是融合“从 0 到 1”的先导性探索、“从 1 到 N”的连续性创新和“从 N 到 N + 1”的应用突破形成生物医疗技术的成果群。干细胞研究应用干细胞诱导分化与规模制备等理论和技术取得突破，人们可将皮肤细胞人为地诱导成多能干细胞并能够进一步定向诱导分化为包括生殖细胞在内的多种人体组织细胞。被视为近年重大突破的基因编辑技术，实现了精准靶向编辑 DNA 和 RNA，使得人们可根据需要去纠正有害的基因突变，为在伦理道德约束下人类遗传病等疾病的基因治疗提供了全新手段。据展望，干细胞技术结合组织工程、新型生物材料以及 3D 打印技术，将对脊髓损伤、软骨损伤、视网膜损伤等多种疾病进行替代修复治疗，并有望通过组织再生与器官再造解决器官移植难题。

作为生物学、工程学、物理学、化学、计算机等学科交叉融合的产物，合成生物学的研究发展呈现了令人欣喜的突破。合成生物学、人工智能、计算生物学、生物信息学和生物工程学的发展，有望形成颠覆性生物技术创新，促使科学家开始尝试设计生命，以打破自然与非自然的界限，促使人类进入数字生命时代。通过计算机设计和编写 DNA 序列，人类得以设计自然界中不存在的生物元件和系统，重新设计已有的天然生物系统，进一步对复杂生物系统进行人工模拟。可以说，设计与合成生命建立在认识生命的基础上，是人类更深层次对生命本源的探索。一方面打破了非生命化学物质和生命物质之间的界限，“自下而上”地逐级构筑生命活动；另一方面革新了当前生命科学的研究模式，从读取自然生命信息发展到改写人工生命信息，为破解人类社会面临的资源不足与环境问题的重大挑战提供全新的解决方案。例如，人工合成目前世界上最小，仅含有473个基因的“合成细菌细胞”Syn3.0。

人工智能的应用正推动着生命科学研究的革命性突破。2022年7月，美国媒体又公布了一项重大成果。继谷歌AlphaFold人工智能软件成功预测了人体几乎所有的蛋白质结构后，谷歌旗下的人工智能公司DeepMind又进一步破解了几乎所有已知的蛋白质结构，其AlphaFold算法构建的数据库中如今包含了超过2亿种已知蛋白质结构，相当于涵盖了地球上几乎所有已对其基因组进行测序的生物。仅从DNA序列预测蛋白质的结构一直是生物学面临的巨大挑战之一。此前，科学家为了确定单个蛋白质结构，需要在实验室中花费数月甚至是数年的时间，长久以来只有大约19万个蛋白质结构得到破解，而这仅为目前已知数量的0.1%。而现在，通过预测几乎所有已知的蛋白质结构，人工智能已经超越了此前的科学极限，这一突破还将显著缩短发现生物所需的时间，加速新药开发，并为基础科学带来全新革命。

生物医学技术不断取得重大创新成果。随着脑科学及认知科学的发展，人们已经利用脑－机接口技术实现了脊髓损伤后黑猩猩和人类对自身部位而非假肢的控制，开创了患者信息交换和自主控制的新方式。基因工程改造的 T 细胞疗法从根本上治愈了一名叫作艾米丽・怀特海德的儿童白血病患者，PD-1 抗体疗法治愈了近 91 岁高龄的美国前总统吉米・卡特的晚期黑色素瘤。生物医药技术的创新开创了医疗健康新业态，随着新技术手段的进步，近年来生物医药技术不断向个性化、精准化、微创化、智能化、集成化和远程化发展。基因组学技术的兴起、分子诊断检测技术的提升，特别是新一代基因测序技术进入了高通量、高精度、低成本（有望将人类全基因组测序成本降至 100 美元）与便携性时代，为疾病的精准治疗和预测带来新的突破。全球新药研发模式也逐渐向以个体化和精准化为特征的靶向药物发展。

2. 新能源与绿色技术创新升级

近年来，极端天气造成的自然灾害频发，冰川的不断融化，全球气候变化加剧，都让人们对地球家园的未来感到焦虑。这无疑加重了科技界力挽狂澜的使命感，清洁能源、绿色发展技术上升为多国科研和创新的重中之重，倒逼新一轮能源技术革命加速推进，新的能源和绿色发展科技成果不断涌现，正在持续改变世界能源格局。

当前，能源技术创新进入高度活跃期，新兴能源技术正以前所未有的速度加快迭代，对世界能源格局和经济发展将产生重大而深远的影响。绿色低碳是能源技术创新的主要方向，集中在传统化石能源清洁高效利用、新能源大规模开发利用、新一代核能安全利用、能源互联网和大规模储能等重点领域。

（1）化石能源开采和加工利用的绿色高效化。煤炭无害化开采技术逐步推广应用。加快隐蔽致灾因素智能探测、重大灾害监控预警、深部矿井灾害防治、重大事故应急救援等关键技术装备研发及应用，推进煤炭安全开采。矿区地表修复与重构等关键技术装备的应用，使建设绿色矿山步伐加快。提升煤炭开发效率和智能化水平，煤炭清洁高效利用技术创新，煤炭分级分质转化技术创新，先进煤气化、大型煤炭热解、焦油和半焦利用、气化热解一体化、气化燃烧一体化等技术，油化电联产等示范工程扎实推进。取得清洁燃气、超清洁油品、航天和军用特种油品、重要化学品等煤基产品生产新工艺技术众多新成果，高效催化剂体系和先进反应器研究实现新突破。煤化工与火电、炼油、可再生能源制氢、生物质转化、燃料电池等相关能源技术的耦合集成，适用于煤化工废水的全循环利用“零排放”技术。二氧化碳捕集、利用与封存等技术创新成果不断涌现并应用于生产。

非深－超深层油气勘探开发关键技术取得进展。常规油气勘探开发技术在北美率先取得突破，页岩气致密油成为油气储量及产量新增长点，海洋油气勘探开发作业水深记录不断取得突破；页岩油气地质理论及勘探技术、油气藏工程、水平井钻完井、压裂改造技术研究并自主研发钻完井关键装备与材料，煤层气勘探开发技术体系完善升级，逐步实现页岩油气、煤层气等非常规油气的高效开发和产量稳步增长。突破天然气水合物勘探开发的基础理论和关键技术，开展了先导钻探和试采试验。

（2）火电清洁低碳发电技术升级。超超临界燃煤发电技术、整体煤气化联合循环技术（IGCC）、碳捕捉与封存技术、增压富氧燃烧等技术快速发展。燃气轮机效率显著提升，商业化应用不断扩展，以氢气为燃料的燃气轮机正在快速发展。大型 IGCC、二氧化碳封存工程示范和 700℃超超临界燃煤发电技术攻关顺利推进。

（3）可再生能源大规模高效利用技术显著提升。可再生能源正逐步成为新增电力重要来源。我国大型水电技术及成套设备达到世界领先水平，光伏发电技术装备创新取得实效。光伏发电实现规模化发展，光热发电技术示范进展顺利，高效、更低成本晶体硅电池产业化关键技术、关键配套材料开发有了很大的进展，碲化镉、铜铟镓硒及硅薄膜等薄膜电池产业化技术、工艺及设备的自主创新成果喜人，关键原材料国产化顺利推进，大幅提高了电池效率。新型高效太阳能电池研究开发、电池组件生产及应用示范取得显著成果。太阳能热化学制备清洁燃料技术及连续性工作样机研究深入开展。高参数太阳能热发电技术研发有新的突破，大型太阳能热电联供系统示范促进了产业化进程。智能化大型光伏电站、分布式光伏及微电网应用、大型光热电站关键技术系列化进步，大型风光热互补电站示范逐步展开，陆上风电技术接近世界先进水平，海上风电技术攻关及示范有序推进。大型高空风电机组关键技术研究，海上典型风资源特性与风能吸收方法研究，海上风资源评估系统，突破远海风电场设计和建设关键技术，具有自主知识产权的 10 兆瓦级及以上海上风电机组及轴承、控制系统、变流器、叶片等关键部位的研究开发等系统性推进，基于大数据和云计算的海上风电场集群运控并网系统研究开发和产业化不断取得新进展。生物质能发展取得新突破。

（4）新一代核能发电正在规模进入商业应用。三代核电技术逐渐成为新建机组主流技术，四代核电技术、小型模块式反应堆、先进核燃料及循环技术研发不断取得突破；基本掌握了 AP1000 核岛设计技术和关键设备材料制造技术，采用“华龙一号”自主三代技术的示范堆项目、首座高温气冷堆技术商业化核电站示范工程建设进展顺利。核级数字化仪控系统实现自主化。在第三代压水堆技术全面处于国际领先水平基础上，快堆及先进模块化小型堆示范工程建设，实现超高温气冷堆、熔盐堆等新一代先进堆型关键技术设备材料研发的重大突破。

（5）动力电池和氢能技术在广泛应用中不断创新升级。近年来，电动汽车电池技术以及 BMS 电池管理系统持续优化。电动汽车取代传统燃油汽车逐年加速，迎来了历史性的发展，全球每年有几百万辆投入市场。多种新材料、新工艺制造的长航时的动力电池竞相问世。巨大的需求推动着充电技术创新迈向短时高效的快充时代，对车载电池的安全性和寿命也提出了进一步要求，推动着新一轮全球技术创新竞争。氢能与燃料电池技术创新加速发展。基于可再生能源及先进核能的制氢技术、新一代煤催化气化制氢和甲烷重整/部分氧化制氢技术、分布式制氢技术、氢气纯化技术竞相涌现。相关的氢气储运的关键材料及技术设备、大规模、低成本氢气的制取、存储、运输、应用一体化技术体系不断完善。氢气/空气聚合物电解质膜燃料电池（PEMFC）技术、甲醇/空气聚合物电解质膜燃料电池（MFC）技术发展，为解决新能源动力电源重大需求提供了新解决方案。

（6）能源互联网发展应用领跑。能源互联网的提出已有十几年，而中国对其的研究发展和应用走在世界前列。以特高压直流、交流为干线的强劲型智能电网技术使中国领跑世界。与此同时，伴随物联网的发展，能源互联网研究发展在中国迅速展开，为分布式能源系统尤其是光伏和风力发电、储能等发展提供了先进的信息技术平台。特别是在5G+工业互联网技术广泛发展应用的推动下，能源互联网创新发展进入快车道。利用先进的传感器和应用程序将能源生产端、传输端、消费端的数以亿计的设备机器系统连接起来，运用大数据、人工智能等新一代信息技术与先进能源技术融合气象数据、电网数据、市场数据等进行智能分析、预测，提升能源生产、调配和消费端的运作效率，推动电网结构和运行模式的重大变革。

（7）核聚变研究不断取得新突破。2006年，中国、欧盟、美国、俄罗斯、日本、韩国和印度共七方签署了启动国际核聚变研究ITER项目的合作协定。该计划是目前全球规模较大、影响深远的国际大科学工程，中国、美国等国家在法国南部参与建造了一个能产生大规模核聚变反应的超导托卡马克装置，它将验证如何将足够多的燃料在极端高温条件下约束足够长的时间，使它受控制地发生核聚变反应。虽然项目推进缓慢落后于预期，但2021年多方面相继传来核聚变研究重要进展的好消息。

——9月16日，由中国核电集团牵头研制的重达315吨ITER超导磁体中大型线圈部件PF5线圈，在法国基地安装到位，标志着硬件装备建设的重大进展。

——11 月，美国加利福尼亚州劳伦斯利弗莫尔国家实验室国家点火装置一项研究登上了《自然》杂志的封面。研究者成功地激发了一种持续很短时间的聚变反应。通过世界最大的激光器，研究人员首次诱导聚变燃料自行输出能量超过了输入热量，实现了一种称为燃烧等离子体的现象。

——美国麻省理工学院宣称，他们和一个私人机构一起从 2021 年开始建设一个核聚变反应堆，预计 2025 年建成，用于验证技术。

——新一代“人造太阳”装置——中国环流器二号 M 装置（HL-2M）在成都建成并实现首次放电，这是我国目前规模最大、参数最高的新一代先进磁约束核聚变实验研究装置，采用更先进的结构与控制方式，等离子体体积达到国内现有装置的 2 倍以上，等离子体电流能力提高到 2.5 兆安培以上，等离子体离子温度可达到 1.5 亿摄氏度，能实现高密度、高比压、高自举电流运行，是实现我国核聚变能开发事业跨越式发展的重要依托装置。

——2021 年 5 月 28 日凌晨，中国科学院合肥物质科学研究院有“东方超环”之称的全超导托卡马克核聚变实验装置（EAST）创造了新的世界纪录，成功实现可重复的 1.2 亿摄氏度“燃烧”101 秒等离子体运行，向核聚变能源应用迈出重要一步。

——2021 年 12 月 30 日，中国科学院合肥物质科学研究院进行了一次托卡马克长脉冲高参数等离子体运行 17.6 分钟的实验，中国再次创造了世界纪录，从连续进行 17.6 分钟的长脉冲高参数等离子体运行来看，中国可控核聚变已经可期。

这些新进展向世界传递着核聚变研究的重大进展，预示着迟早会实现商业化运营。

3. 新材料新成果精彩纷呈

新材料及产业作为当今科技和经济发展中活跃的产业领域，呈现出产业关联度高、经济带动力强、发展潜力大的特点，近年来新材料正逐渐成为国家战略重点发展的产业，军工新材料是高端武器装备发展的先决要素。

新材料的基础性、先导性、前瞻性强，是许多相关领域技术变革的基础和导引。先进材料技术持续创新、相继突破，全面进步。无论是新出现的具有优异性能和特殊功能的材料，还是由于成分或工艺改进使性能明显提高或产生新功能的基础材料，依赖于新原理、新方法、新技术、新工艺以及新装备的综合运用都取得了重要进展。特别是近年来，基础学科突破、多学科交叉、多技术融合快速推进新材料的创制、新功能的发现和传统材料性能的提升。

固体物理的重大突破催生了系列拓扑材料，材料与物理深度融合诞生了高温超导材料，以材料基因工程为代表的一系列材料设计新方法的出现，不断突破现有思路、方法的局限性，推动新材料的研发、设计、制造和应用模式发生重大变革，大幅缩减新材料研发周期和研发成本。全生命周期绿色化成为新焦点，世界各国均大力推进与绿色发展密切相关的新材料开发与应用。新材料正在向精细化、绿色化、节约化方向发展，新材料绿色化生产技术、节能与环境友好材料、全生命周期设计理念成为技术创新的重要标志成果。

发达国家仍然是世界新材料的主导者，美国、日本、欧盟国家处于第一梯队，我国处于第二梯队前列。我国已成为名副其实的“材料大国”，建成了门类最为齐全的材料研发和生产体系，具有全球最大的材料生产规模，百余种重要材料产量连续多年世界第一。在技术前沿和高端领域，我国的原始创新能力仍有差距，技术和产业基本处于追赶阶段，虽然部分领域与国际并行甚至处于领先水平，但关键领域缺少核心技术，与发达国家仍有较大差距。

突破战略性新技术，抢占制高点，需要强大的新材料技术支撑。新一代信息、新能源和环境、智能制造、生物和健康等技术突破发展面广、速度快，如半导体材料、显示材料、人工晶体、超材料、信息存储材料、先进碳材料、光伏材料、动力和储能电池材料、高温超导材料、分离膜材料、智能材料、高性能纤维复合材料、新型轻合金、高温合金及耐热合金、高性能轻合金及其超大规格构件、核电用钢、高强塑级钢、稀有 / 稀贵金属材料、稀土功能材料等创新升级，为战略前沿高技术发展起到重要支撑作用。

碳材料成为 2022 年研发创新的热点，如石墨材料、石墨烯、军民两用耐热高性能纤维增强复合材料、高性能碳纤维等关键技术突破带动性能显著提升。稀土新材料系列化进步显著，稀土磁性材料广泛应用于高铁、电动汽车等众多高端装备，是稀土的重要应用领域，另外，稀土储能材料、催化材料、光功能材料、高纯材料等开发应用范围愈来愈广。先进微电子光电子材料仍是发展升级的重点，如第三代半导体材料，大直径硅及硅基材料，大功率激光器、红外探测器、特种光纤用高品质光电子材料，核心器件用高品质微电子材料等向高端快速迈进。新型显示及其关键材料仍然是热点，有机发光半导体（OLED）作为下一代的显示技术不断技术升级，以三基色半导体激光二极管（LD）为发光材料的激光显示成为新型显示技术。超导材料一直是国际高技术创新竞争前沿。绿色能源材料发展升温，高效率低成本晶体硅光伏电池材料、高比能电池材料、低成本室温水性钠离子电池材料、高功率高能量超级电容器材料、固体氧化物及质子交换膜燃料电池材料等都取得了重要成果。高性能膜材料的不断发展为动力电池、海水淡化、环保等产业升级注入动力。钛合金、镁合金、铝合金等先进有色金属性能质量的提升，推动着航空航天更新换代使用新材料，石化、核电耐蚀、抗辐射材料，舰船及海洋工程高强韧材料等各领域所用材料的升级发展，以及高速铁路车体、大型舰船运输罐体高强度轻质材料系统性进步。

近年来，超材料研发你争我赶，科学家沿着菲斯拉格的理论，通过不同的结合结构和排列设计制造出各种超材料，实现了让光波、雷达波、无线电波、声波，甚至地震波弯曲的梦想，在隐身、电子屏蔽等方面创造出神奇的效果。军工材料研发竞争激烈，正向着“轻量化、高性能化、多功能化、复合化、低成本化、智能化”等方向发展。

除此之外，深空宇宙探索、火星探索、月球探索、新的太空空间站的建成等太空科技；深海万米探索；超高速列车、新一代空天飞机等先进装备制造运营技术等，都取得重大突破，新一代信息技术引领、众多学科领域群体突破屡创奇迹，勾画出新一轮科技革命的特征和趋势，对我国而言，虽面临严峻挑战，但机遇更加难得、珍贵，恰恰是我们弯道超车、后来居上、制胜科技和人才强国的天赐良机！

四、国际科技发展竞争打压加剧

以美国为代表的西方发达经济体，进行国际竞争的惯常模式仍是基于科技创新，政治、经济、军事、外交多措并举。他们坚信国际竞争主动权的关键是赢在科技创新起跑线上，并通过制度设计和完善立法确保科技创新作为国家竞争力的核心地位。随着科技创新能力上升为当今市场乃至国力综合竞争的决定性因素，美国纠集其盟友，把科技作为霸权工具，作为制裁打压别国的手段。

2021 年 6 月 9 日，美国国会参议院表决通过了《2021 美国创新和竞争法案》。该法案由 2020 年 5 月 6 个议员的《无尽前沿法案》扩展而成。这项代表了美国两党“前所未有”合作的法案，也是美国历史上又一罕见地针对某一特定国家——中国的指向性法案。其中：法案提出芯片和开放式无线电接入网（O-RAN）5G 紧急拨款。此项内容涉及 500 多亿美元的投资，包括设立三个基金：美国半导体生产激励基金、美国半导体生产激励国防基金、美国半导体生产激励国际技术安全与创新基金。其根源在于，中国的 5G 技术领先美国率先占领国际市场，这让美国恼羞成怒，一方面拼命加强自身建设，另一方面使用卑劣手段制裁打压。

另外，还包括国家安全与政府事务委员会的规定、《2021 年迎接中国挑战法案》等，美国挥舞制裁大棒，限制先进技术及产品出口，甚至扩大到禁止用包含美国技术的装备生产的产品出口。将华为公司等上百家中国的自主创新企业、大学、研究机构等列入政府制裁黑名单，限制科学家的正常学术交流，通过全面“卡脖子”企图遏制中国的科技发展。

2022 年 8 月 9 日，美国总统拜登在白宫签署《芯片和科学法案》。该法案提出将为美国半导体研发、制造以及劳动力发展提供 527 亿美元。其中 390 亿美元将用于半导体制造业的激励措施，20 亿美元将用于汽车和国防系统使用的传统芯片。此外，在美国建立芯片工厂的企业将获得 25% 的减税。这项法案将为美国整个半导体供应链提供资金，促进芯片产业用于研究和开发的关键投入，特别要求任何接受美国政府资金的芯片企业必须在美国本土制造他们研发的技术。这意味着“在美国投资，在美国研发，在美国制造”。除了对美国芯片产业以及制造业的直接支持，该法案规定多项措施加大对美国科学和工程领域的投入。根据该法案，美国国家科学基金会将建立一个技术、创新和伙伴关系理事会，专注于半导体和先进计算、先进通信技术、先进能源技术、量子信息技术和生物技术等的发展。同时，该法案还授权 100 亿美元用于投资美国各地的区域创新和技术中心，以加强地方政府、高校以及企业在技术创新和制造方面的合作。

显而易见，美国这一法案是赤裸裸地遏制中国的又一恶毒招数，是其推出的又一技术霸权，意图从研究开发、核心技术及装备上游卡住中国芯片产业的脖子。这也意味着，美国又发起了中美之间新的高端核心技术的激烈竞争。

欧洲也力图靠科技整合提高竞争力，欧盟扩充后，把相关成员国的科研开发整合起来以提高在国际竞争中的话语权。可悲的是，被美国带乱了节奏，如《欧洲芯片法案》正式公布，目标是2030年芯片产能占全球的20%。一些欧洲国家追随美国也加入了对华科技围堵制裁的行列，背信弃义、撕毁合同、制裁华为公司等中国企业、限制科技的正常交流合作。

这种科技的新冷战，倒行逆施，严重违背科技发展规律和科研道德，给中国科技发展带来严峻挑战，却也倒逼中国加快科技自立自强和自主创新。美国及某些国家对中国的科技制裁清单恰恰提供了我们加强自主创新的工作指南：技术“卡脖子”更激励我们集中力量加快补上短板弱项；限制高端芯片进口，国产芯片的生产技术水平和高端制造能力须大幅提升，不仅满足国内需求，而且出口大幅增加，反而令美国公司产品积压、产能过剩，自食恶果；禁止先进集成电路等高端设备进口，加快国产系列装备使用的步伐；航空发动机、先进材料等限制进口，自主技术装备加速研制成功、投入使用，让制裁者尝到失去中国巨大市场的苦头……中国的双循环发展新格局，必将引导科技创新走上发展快车道，以国内大循环为主体，国内国际双循环相互促进，科技自立自强，提供强有力驱动和战略支撑。压力和挑战也是实现自立自强创新突破的难得机遇。我们有着完整的科技研究开发体系，有着广大的世界一流的创新人才队伍，有着位于国际前列的创新能力，有着强大的制度优势和物质基础，世界科技的重大变革给我们带来弯道超车、换道超车的大好机遇，要善于把握好当今科技的发展规律和新特点，科学谋篇布局，有效组织调配科技资源，迅速补上短板，缩小差距，在创新型国家的新台阶上向科技强国的宏伟目标奋进。

我们将从中国科技和人才发展振兴的奋斗历程，增强对在新时代我们抓住世界新科技变革机遇，乘势而上、发展跨越的自信。

第四章 科技和人才发展振兴之路

中国科技和人才事业与共和国一起成长。在一穷二白的基础上起步，沐浴着阳光雨露，经受风雪霜寒，迈过坎坷曲折前进，披荆斩棘勇攀高峰，一代代科技人才为国拼搏奋斗，无数优秀的中华儿女奉献心血。我们满怀着向科学进军的豪迈，焕发着科学春天的生机，乘着改革开放的浪潮，担负科教兴国、人才强国的重任，推进自主创新的跨越，谱写创新驱动发展的辉煌，担当建设世界科技强国的使命。奋力追赶国际科技发展的步伐，弯道超车站在新科技革命潮头，跻身创新型国家行列，站在世界科技创新前沿。我们向世界证明了中国科技人的胆识和聪慧，为全球人类文明进步贡献了中国智慧。在落后于发达国家上百年的起跑线上，中国科技和人才事业振兴发展将谱写震惊世界的时代华章。

一、奠定中国科技发展新基业

中华人民共和国的诞生开创了中国科技发展的新纪元。中华人民共和国成立前夕，原本薄弱的工业基础几乎瘫痪，科学技术落后不堪。偌大的中国，科研机构不超过 30 个。其中多数从事的是基础自然科学和社会科学研究。科研装备及手段十分落后。全国自然科学研究人员仅 500 人左右。工程技术人员和管理人员不足 30 万人。工业科技几乎是一片空白。开国大典刚过，中央人民政府立即决定，在原中央研究院、北平研究院、延安自然科学研究院的基础上，组建中国科学院。中国科学院于 1949 年 11 月宣告正式成立，虽然当时仅有 22 个科研机构，300 多名科技人员，但它标志着新中国科技事业的起步。

1950 年 8 月，中华全国第一次自然科学工作者代表会议在北京正式召开，这次会议成立了中华全国自然科学专门学会联合会（简称全国科联）和中华全国科学技术普及协会（简称全国科普）。1958 年 9 月，全国科联和全国科普联合召开全国代表大会，决定批准两个团体合并，正式成立了我国科技工作者统一的全国性组织——中国科学技术协会。

中华人民共和国的诞生像一块巨大的磁石，吸引着一大批身居海外的科技人员争相归来报效祖国。据中国科学院建院初期的粗略统计，新中国成立时，侨居国外的科学家有 5000 余人，到 1956 年年底，已经有近 2000 名科学家回到了祖国。1948 年，法国巴黎大学居里夫妇的高徒、法国国家博士、因发现了铀核的三分裂和四分裂荣获法国科学院亨利·德巴微物理学奖的钱三强博士回到清华大学任教；1949 年，被誉为“中国克隆之父”的生物学泰斗童第周从美国耶鲁大学回到山东大学工作；20 世纪 50 年代初，从美国回到祖国的著名科学家有钱学森、邓稼先、朱光亚、郭永怀、王淦昌、于敏等，他们后来都成为“两弹一星”元勋，还有著名数学家华罗庚等；从英国归来的有物理学家彭桓武、光学泰斗王大珩、物理学家程开甲、物理学家陈芳允等；从苏联留学归来的有宋健、周光召、孙家栋等……归来的他们，成为新中国科技事业的奠基者，成为各学科的带头人。他们卓越的学术成就使我国一些学科领域迅速站在了国际前沿，带动不少方面缩小了与世界先进水平的差距。同时我国也加快了科技人才培养，各行业、各地方一个个科研机构相继建立，科技队伍迅速壮大。截至 1955 年，我国科研机构已有 840 多个，科研人员数量超过 40 万人。

就在中华人民共和国成立之初的五年中，全国百废待兴，刚刚开始的中国科技事业创造了一个个惊人的奇迹，这些成就像一块块基石，为我国科技大厦铺垫根基，为开启工业化进程注入了强大动力和有力的科技支撑。1953—1957 年，我国实施国民经济发展的第一个五年计划。在苏联及东欧社会主义国家的帮助下，我国安排了 900 多项大中型建设项目（其中 156 项是当时苏联援建的），包括冶金、船舶、煤炭、电力、石油、化工、轻工、电子和军工等项目，初步形成了我国的工业科技布局。

1956 年是我国科技发展史上的一个重要年份。毛泽东主席高瞻远瞩，向全国发出了向科技进军的号召。在周恩来、陈毅、李富春、聂荣臻等老一辈革命家的领导组织下，我国集中大批科学家的智慧，着手制定《1956—1967 年科学技术发展远景规划》(简称《规划》)。《规划》的根本指导思想是，根据我国的国情，瞄准当时世界科技的最新发展前沿，推进我国科学技术的一些重要和急需部门在 12 年内赶上或接近世界先进水平。经过大批科学家、工程技术专家的反复论证,《规划》提出了 57 项重点科研任务，共有 600 多个研究课题。在此基础上确定了 12 个重点项目，如原子能的和平利用，电子学方面的半导体、超高频技术、电子计算机、遥控技术等，喷气技术，生产过程自动化和精密仪器，石油等稀缺资源的勘探、开发，建立我国自己的冶金系统、探寻新冶金技术，综合利用燃料、发展有机化工合成，新型动力机械，黄河、长江的综合开发，农业的化学化、机械化和电气化，危害人民健康最大的几种主要疾病的防治和消灭，自然科学中若干重要的基本理论问题等。

这是新中国科技发展的第一个宏伟蓝图，构建了我国科学技术重点学科和关键技术领域的基本框架，奠定了科技发展的基石。它的制定使我国广大科技工作者受到极大鼓舞，明确了发展方向，激发了科技工作者奋力追赶世界先进水平的热情和决心，在全国上下掀起了向科学进军的滚滚热潮。为确保《规划》的顺利实施，国家采取了一系列的重大举措。1956 年成立了国家科学技术委员会，聂荣臻为主任，负责领导全国科技工作。如集中全国优势科技力量协作攻关，积极开展与苏联及东欧各国的科技合作与交流，学习引进外国的先进技术，等等。

特别是参与核武器、导弹、卫星研究的科学家和工程技术人员，听从命令迅速集结，从此隐姓埋名，扎根西部戈壁荒漠，夜以继日地献身于国家战略高科技事业。在三年自然灾害时期，他们忍受饥饿、疾病的折磨，拼搏奉献。有的献出宝贵的生命，有的健康受到伤害，把智慧和青春献给祖国科技的发展。他们放弃海外的优越条件回到祖国，又在如此艰难困苦的环境中默默为科技、为祖国奉献，无怨无悔。他们在拼搏中铸造的中国科学家精神成为共和国的宝贵精神财富，他们是全国人民学习的楷模。

与此同时，中国共产党对科学家的关怀也令人感动，老一辈革命家宁可自己饿肚子，勒紧裤腰带也要从本就缺粮的军队调剂食品给科学家补充营养。体现了中国共产党尊重人才、重视科技的优良传统。不仅在生活上，党中央在政治上也对人才十分关心、格外关怀。1961 年，经党中央毛主席批准，颁布了《关于自然科学研究机构当前工作的十四条意见》(简称《科研工作十四条》)，重点纠正对知识分子政治上的进步和他们在社会主义建设中的作用估计不足、党的知识分子政策在执行中尚存差距等问题,《科研工作十四条》明确规定要积极争取一切可争取的知识分子，鼓励有用的人才为社会主义事业服务，鼓励学术百花齐放、百家争鸣、理论联系实际，加强培养和使用人才等。针对科学家反映突出的问题：科研时间得不到保证、每周 6 个工作日真正用于科研的时间仅有甚至不足 3 天、大量的时间被用于无休止的政治学习和政治活动等，规定保证科学家每周至少有5天可以从事科学研究。1962年，中央在广州召开知识分子工作座谈会，周恩来总理代表党中央为知识分子“脱帽加冕”，“脱帽”就是摘掉“资产阶级知识分子”帽子，“加冕”就是冠以“劳动人民知识分子”称号，努力纠正因“反右”运动给知识分子造成的伤害。这一举措帮助广大知识分子释放了精神压力，也赢得了几百万忠于祖国的知识分子的炽热的心。

许多科学前沿突破接踵而至。例如，1958年6月，中国科学院上海生物化学研究所（简称中科院生化所）的会议室里，科学家一起讨论所里下一步要研究的重大课题。有人提出了一个大胆的设想——要“合成一个蛋白质”。人工合成胰岛素项目被列入1959年国家科研计划，并获得国家机密研究计划代号“601”，也就是“60年代第一大任务”。在如此极端困难的条件下，一切都要从零开始。在科研基础十分薄弱、设备极其简陋的年代，历经7年的不懈攻关，这项凝聚着中科院生化所、有机所（即中国科学院上海有机研究所）和北京大学三家单位百名科研人员心血的项目终于获得成功。1965年11月，这一重要的科学研究成果首次公开发表，被誉为“前沿研究的典范”。随后，瑞典皇家科学院诺贝尔奖评审委员会化学组主席蒂斯利尤斯专程到中科院生化所访问，他说：“你们没有这方面的专长和经验，但却成功合成了胰岛素，你们是世界第一！”中国科学家成功合成胰岛素，标志着人类在探索生命奥秘的征途中迈出了关键的一步，它开辟了人工合成蛋白质的时代，在生命科学发展史上产生了重大影响，也为我国生命科学研究奠定了基础。但不少科学家也为之惋惜，因为这是中国离诺贝尔奖最近，却又失之交臂的重大成果。

1956 年后的十多年时间，是我国科技事业蓬勃发展的黄金时期。在《1956—1957 年科学技术发展远景规划》的指引下，在老一辈革命家和科学家的领导下，我国广大科技工作者团结协作、刻苦攻关、夜以继日、英勇拼搏。尽管其中遇到“反右”等政治运动冲击、国际上西方国家技术封锁、中苏关系恶化（苏联撤走专家）、三年自然灾害等天灾人祸，我国科技工作者仍以惊人的毅力和顽强的斗志冲破重重困难，取得了一项又一项重大科技突破。其中，工业科技更是捷报频传。1956 年 9 月，新型喷气式飞机试制成功。1957 年，第一台巨型变压器诞生；武汉长江大桥正式通车；第一架多用途民用飞机制成。1958 年，第一座电视台试播；第一座原子反应堆建成；第一台精密坐标镗床、第一台 2500 吨水压机、第一台内燃电动机车、第一架电子纤维镜、第一台计算机、程控铣床、车床等先后制成；第一艘万吨货轮下水。1959 年，第一台大型通用电子计算机诞生；第一枚液体探测火箭首次发射成功；制成了 5 万千瓦汽轮机，研制成功第一台电力系统自动计算机装置，大庆油田第一口油井出油；第一组合成纤维厂建成……

20 世纪 60 年代前期，工业发展更是迈开更大的步伐，特别是在新兴科技领域，取得了一批具有历史意义的重大突破。例如，我国第一枚液体燃料探空火箭发射成功，第一颗原子弹、氢弹先后爆炸成功，导弹核武器发射成功，中型电子模拟计算机、最新型晶体管大型通用数字计算机相继问世，数字显示电子管、晶体管电路同声传译设备等先后研制成功，同时还研制成功大型电子显微镜、太阳射电望远镜、钻孔摄影仪、超高精度天平等。在化学工业领域，自主研究成功新型塑料、农药、化肥等产品。在机械工业领域，我国先后研制成功一系列的精密机床、自动和半自动机床，双水内冷汽轮发电机，第一艘万吨级远洋货轮下水……特别值得骄傲的是以“两弹一星”为代表的重大科技成就，带动中国科技整体水平跃升到一个新的台阶，迈向世界前沿，极大地提升了我国的综合国力和捍卫祖国安全的能力。

这一项项重大科技成就，填补了我国科技发展的空白。这一曲曲闪烁着民族创新精神和智慧的凯歌，使全国为之振奋、世界为之震惊。在短暂的十几年时间里，中国科技以神奇的速度、宏伟的气势，迈向世界前沿。在一些重要的科技领域，大大缩短了与世界先进水平的差距，不少成果达到或接近当时世界先进水平。特别在电子、化工等众多新型技术领域，我国的技术水平与日本相差无几。在20世纪50—60年代，老一辈科技工作者所体现的民族精神，更令后人敬佩。我国科技的起点迟于发达国家几十年，甚至上百年，科研仪器总体水平比发达国家落后一大截，科研经费仅相当于发达国家的百分之几，科技人员的待遇更不能与西方国家相提并论，特别是在三年困难时期，许多科技人员都是饿着肚子搞科研。在这种情况下，我们仍有重大科技成果产出的原因，除了优越的社会制度，还有一个重要法宝，即热爱祖国、艰苦创业、创新拼搏、无私奉献的科学精神，这为我国科技事业发展注入强大动力。

二、拨乱反正迎来科学的春天

正当我国科技事业蓬勃发展，向着世界先进水平快速挺进之时，1966 年“文化大革命”开始，很多科研工作被迫停止，科学家受到冲击，我国科技事业受到严重摧残。1975 年邓小平恢复工作，他主动提出分管科技工作，甘当科技教育的“后勤部长”；主持进行大刀阔斧的整顿，并明确指出“科学技术叫生产力，科技人员就是劳动者”“科技科学研究不走在前面，就要拖整个国家建设的后腿”；拍板投资建设北京正负电子对撞机；必须保证科研人员一周至少有六分之五的时间搞科研。

1977 年，邓小平同志再次恢复中央领导工作之后，率先推动了高考制度的改革。“文化大革命”迫使高等教育事业几乎瘫痪，恢复公开公正考试录取，使 2000 多万名下放的知识青年在迷茫中看到了希望。全国从部分 1965 年高、初中毕业生到 1978 届在读的高中生，共 14 届高、初中的考生一起参加高考，虽然录取率仅为几十分之一，但大学正规培养人才的大门终于打开。恢复高考制度的 77 级新生于 1978 年春天入学，而 78 级新生在半年后入学，这两届特殊的大学生之间年龄相差最大到 15 岁，有人戏称“父子同学”。但是全国各地有着共同的特点，这些经历多年知识荒芜的学子，呈现出如饥似渴的求知欲。当时振奋人心的口号是“为中华崛起而发奋读书”“为四个现代化贡献智慧力量”。他们有明确的奋斗志向和把失去的时光抢回来的迫切心情，挤出一切可利用的时间学习，饱览一切可得到的图书。本来藏书不足的图书馆图书几乎被借光，下午课外活动、晚自习都要统一熄灯强迫大家休息，伴着晨曦，校园充满琅琅读书声。虽然那时“极左”思潮仍然存在，但高等教育制度焕发的勃勃生机至今仍有学习研究价值。这一代人才没有虚度年华，他们作为我国科技教育、产业、行政管理的领军人物和骨干人才，为中国实现第一个百年奋斗目标不负韶华，努力为党和人民拼搏奉献，兑现了把失去的时光抢回来的诺言。我们也经常结合自己的亲身实践来审视教育制度，作为大学前多是在玩和干中度过的青少年时代，没有现在的填鸭式教育和为应试的反复做题，照样也做出与世界同代人卓越的成绩。

1978 年，中国当代作家徐迟发表了一篇报告文学作品——《哥德巴赫猜想》，最初发表在《人民文学》杂志上，后来被广泛转登。这篇文章详细描写了默默无闻的数学家陈景润的身世和在“文化大革命”期间的困难条件下，不顾体弱多病和政治运动的喧嚣，甘心寂寞、顽强坚持证明“1+2”的过程。这个证明即：任何一个足够大的偶数，都可以表示成两个数之和，而这两个数中的一个就是奇质数，另一个则是不超过两个奇质数的乘积。这个定理被世界数学界称为“陈氏定理”。这个定理是人类目前最接近哥德巴赫猜想的证明，这一成就被世界同行誉为是数学皇冠上的一颗明珠。这篇报告文学一经问世，如旋风般震撼着人们的心灵，震撼着中外数学界，被誉为新时期报告文学繁荣的“报春花”。国内外评论说：“陈景润成了中国科学春天的一大盛景。”这给出了一个明确的舆论导向，鼓励倡导科技人才专心做学问、埋头搞科研，这样的人才是国家需要并倡导的人才。同时在全社会营造尊重知识、尊重人才的浓厚氛围。这篇文章推动了解放思想的浪潮，更在全国激起一场热爱科学、奋发求知的热潮。陈景润从一个鲜为人知的“书呆子”，一举成为青年人崇拜的偶像科学家，并被邀请作为代表出席全国科学大会。

1977 年 2 月，中国科学院数学所中青年科学家杨乐、张广厚公开研究函数理论的重要成果，在世界上第一次找到函数值分布研究中的两个主要概念——“亏值”和“奇异方向”之间的有机联系。杨乐、张广厚与华罗庚、陈景润一起出席全国科学大会并获得大奖。经媒体报道后，在全国广大青年中产生热烈反响。追求科学、尊重科学家的氛围日趋浓烈。

1978 年 3 月 18 日，规模盛大的全国科学大会在北京隆重开幕。来自各地、各行业科技战线的 6000 多名代表、科学大师和各路精英会聚一堂，与党和国家领导人共商科技振兴大业，运筹向科技进军战略，中国科技迎来了一个明媚的春天。邓小平在大会上发表了重要讲话，提出了“科学技术是第一生产力”“四个现代化，关键是科学技术的现代化”“知识分子是工人阶级的一部分”的科学论断，奠定了我国新时期科技发展战略的理论基础。

中共十一届三中全会后，一大批科技人员得到平反，彻底打碎了科技人员身上的精神枷锁。中国科协作为科技工作者之家，度过了最为忙碌的一个时期，作为中国共产党联系科技工作者的桥梁和纽带，为科技工作者平反昭雪紧张奔波。经历了种种磨难的科技人才，豪情迸发，积极性高涨。恢复高考制度，不拘一格选人才。全国很快掀起学科学、用科学的高潮，尊重知识、尊重人才的良好社会风气开始形成。当封闭十几年的国门打开后，新技术革命给世界带来的巨大变化令我们目不暇接、大为震惊。看到我国原本与世界科技前沿并不算大的差距又被拉开了，那些充满科学报国热情和民族责任感的科技人员心急如焚。德高望重的叶剑英元帅“攻城不怕坚，攻书莫畏难。科学有险阻，苦战能过关”的豪迈诗句，激人奋进。从白发苍苍的老科学家到中青年科技人员，个个不知疲倦，夜以继日地拼命工作。几代科技工作者都有一个共同心愿，那就是努力再加倍努力，把失去的时间夺回来，使我国的科技事业尽快赶上去，早日迎来现代化的科技强国。这是多么可贵的民族精神，多么强烈的事业心，多么崇高的境界，多么奋发向上的风貌！我国科技工作者重整旗鼓，掀起向科学进军的新一轮热潮。

1982 年，中央媒体连续推出了两个优秀中年科技人才感人事迹。中国科学院长春光学精密机械与物理研究所的副研究员蒋筑英在科研工作中取得多项重大创新成果，却因在长期艰苦工作和生活下劳累过度，43 岁英年早逝。原航天工业部 771 所工程师罗健夫同志多年从事科研攻关积劳成疾，正值科研黄金年龄（47 岁）时不幸离世。党和国家授予他们“全国劳动模范”的光荣称号，并树为科技人才楷模，号召全国人民向他们学习。他们的事迹感动了全国的青年学子，震动了中央领导。中青年科技人才生活待遇低的问题日益凸显。“搞导弹的不如卖茶叶蛋的”脑体倒挂现象，成为媒体报道的热点和全国关注的焦点。党中央、国务院采取有力措施，下决心解决广大科技人才的困难，调动他们的科研创新积极性。

在刚刚回归的春天里，我国科技战线率先出台的《1978—1985 年全国科学技术发展规划纲要》(简称《纲要》)，确定了重点发展领域、重点项目和目标。20 世纪 80 年代初对《纲要》进行了调整，使科技工作重点更加密切结合经济建设的迫切需要。在此基础上，1982 年遴选了农业、食品及轻纺消费品、能源开发及节能技术、地质和原材料、机械和电子装备、交通运输、新兴技术、社会发展等 8 个方面、38 个项目，制订了“六五”科技攻关计划，组织全国优势力量协同作战。经过广大科技工作者的奋发努力，科技攻关取得了一系列重大成就。自 1979 年以来，我国在煤炭、电力、机械、电子、冶金、化工、轻工、汽车制造、交通、邮电、民航等 20 多个行业，先后引进了上万项国外先进技术及装备，并在此基础上进行消化吸收创新，使我国在这些相关国计民生的重点领域技术水平实现“跳跃式”提高，大大缩短了某些领域同发达国家的距离。大批落后的老装备、旧工艺被高效率、高精度的现代化设备取代，一批优质新产品问世，大批国产家电等在消费品市场上琳琅满目，有的甚至出口到海外市场，表明面向市场的技术开发能力的大幅提升和产业科技的初步繁荣。

在开放的大门打开后，中国与各国的科技交流走在开放的前面，建立起全面合作的桥梁。1978 年，中国与法国、英国签订政府科技合作交流协定。同年 7 月，时任美国总统科学顾问的弗兰克・普雷斯率领美国政府高级代表团访华，与中国负责科技的高级领导坦诚会谈，为两国建立政府间科技合作关系做好充分准备。1979 年 1 月，邓小平访问美国时，在白宫与时任美国总统卡特签署了《中美科技合作协定》，这是中美建交后签署的首批政府间合作协定之一。20 世纪 80 年代，我国与包括西方科技先进国家在内的几十个国家陆续签订政府间科技合作协定。

三、改革开放推动科技全面发展

20 世纪 80 年代初开启的科技体制改革，开始造就一个充满生机和活力的新体制。在计划经济体制下建立起来的高度集中的科技体制在历史上曾发挥过优势，但随着科技工作重点向经济建设转移，其弊端暴露得越来越明显。要赶上世界新科技革命的步伐，真正使科技成为第一生产力，必须对我国科技体制进行改革。

1985 年 3 月，中共中央作出《关于科学技术体制改革的决定》。这是继 1984 年党的十二届三中全会通过《关于经济体制改革的决定》后开启的又一重大改革。党中央明确新时期科技工作的方针：科学技术工作必须面向经济建设，经济建设必须依靠科学技术，简称“面向、依靠”的方针。科技体制改革主题十分鲜明，可用“双放”两个字高度概括，放活科研机构、放活科技人员。充分发挥科技人员的积极性，解放科技生产力。在运行机制方面要改革拨款制度，开拓技术市场，克服单纯依靠行政手段管理科技工作、国家包得过多、统得过死的弊病；在对国家重点项目实行计划管理的同时，动用经济杠杆和市场调节，使科学技术机构具有自我发展的能力和自觉为经济建设服务的活力。在组织结构方面，改变过多的研究机构与企业相分离，研究、设计、教育、生产脱节，军民分割、部门分割、地区分割的状况；大力加强企业的技术吸收与开发能力和技术成果转化为生产力的中间环节，促进研究机构、设计机构、高等学校、企业之间的协作和联合，并使各方面的科学技术力量形成合理的纵深配置。在人事制度方面，要克服“左”的影响，扭转对科技人员限制过多、人才不能合理流动、智力劳动得不到应有尊重的局面，创造人才辈出、人尽其才的良好环境。

科技体制改革在全国全面展开，其中心任务是促进科技与经济紧密结合，加快科技成果转化，放活科研机构、放活科技人员。科技体制改革受到了我国科技界和社会各界的赞成和拥护。广大科技人员热烈响应，以极大的热情投身科技体制改革。建立技术市场是科技体制改革的一个重要突破，发挥市场机制优势，加快技术交易和转化。

在改革的推动下，形成了三个层次的科技发展战略格局，即：面向经济建设主战场，发展高科技，加强基础研究。每个层次，都有国家科技计划和重点项目作为支撑。

面向经济建设主战场。服务经济建设是当时科技工作的重中之重，我国部署了科技攻关计划，主要是组织精锐科技力量，协调进行科学研究，攻克工业、农业、社会发展等国民经济主战场迫切需要解决的重大科技问题。在1982年“六五”科技攻关计划的基础上，“七五”“八五”期间逐步加大了支持力度，仅在

“九五”期间，国家科技攻关计划就安排了 251 个项目、5100 多个专题，中央财政支持 52.5 亿元，地方配套和承担单位自筹资金 177.3 亿元，组织 1000 多个科研院所、700 多所大学、5400 多个专业的 7 万多名科技人员参与，共取得成果 2 万多项，国内外专利 1300 多项，建立了 4500 多个试验示范基地，培养具有生产经验和研究开发能力的人才近 2 万人。

1986 年在全国组织实施“星火计划”，这是一个以科技致富广大农民为目的，政府少量资金引导社会投资的指导性计划，其基本宗旨是“把科技的恩惠洒向广大农村”。以“农业联产承包责任制”为主的农村改革，基本解决了农民的温饱问题，极大调动了农民积极性，兴办副业、乡镇企业从东部沿海逐步向全国扩展，对先进适用科学技术提出迫切需求。几万名科技工作者积极奔赴广大农村，不少深入老少边穷地区开展技术扶贫，向农民传授先进技术、开展技术培训和科技示范，转化推广先进技术成果，“星期六工程师”活跃在乡镇企业和农业专业户，运用先进技术推动了农村经济的蓬勃发展，成为依靠科技带动农民脱贫致富的一面旗帜。

1988 年国家组织实施“火炬计划”，这是以城市为重点的高技术产业化计划，也是与“863 计划”相衔接的指导下科技计划。鼓励大学、科研院所、国有企业科技人员以多种形式转化高技术成果，创办高技术企业。创办高新技术产业开发区和高新技术创业服务中心被明确列入“火炬计划”的重要内容。1988 年批准北京市新技术产业开发试验区探索示范，1991 年 3 月 6 日，国务院发出《关于批准国家高新技术产业开发区和有关政策法规的通知》，之后在各地已建立的高新技术产业开发区中，再选定武汉东湖新技术开发区等 26 个开发区作为国家高新技术产业开发区；1992 年又批复 26 家。目前国家级高新技术产业开发区超过 150 家，成为中国高技术产业发展的重要基地。

这里特别强调的是科技体制改革催生了中国民营科技企业如雨后春笋般地崛起和迅猛发展。1980 年 10 月 23 日，被认为前途无量的物理学家陈春先带着一众同人，怀着创建“中国硅谷”的梦想，在中国科学院物理研究所的一间仓库里，悄无声响地成立了“北京等离子体学会先进技术发展服务部”，为企业和个人提供技术咨询、技术培训等，成为中国民办科技企业第一人。接着，柳传志等人走出中国科学院计算机研究所成立联想公司……截至 1988 年，北京中关村高技术产业试验区已有几十家民营科技企业。当时“民营”不是指所有制而是强调灵活的自主经营机制。后来，中国的华为、中兴、腾讯、百度、阿里巴巴等一批民营高技术企业相继在全国各地崛起，成为知名的国际巨型科技企业。

通过政府指导计划推广科技成果和利用技术市场交易转化技术成果双轨推动，加速先进技术成果快速向经济建设转移转化，有力促进了技术商品化、产业化进程。

发展高科技。1986 年 3 月，面对世界高技术蓬勃发展、国际竞争日趋激烈的严峻挑战，邓小平在王大珩、王淦昌、杨嘉墀和陈芳允 4 位科学家提出的《关于跟踪研究外国战略性高技术发展的建议》上，做出“此事宜速作决断，不可拖延”的重要批示，在充分论证的基础上，党中央、国务院于 1986 年 3 月启动实施了“高技术研究发展计划”，旨在提高我国自主创新能力，坚持战略性、前沿性和前瞻性，以前沿技术研究发展为重点，统筹部署高技术的集成应用和产业化示范，充分发挥高技术引领未来发展的先导作用。

同年 11 月，中共中央、国务院正式批转了《高技术研究发展计划纲要》。这个计划选择对中国未来经济和社会发展有重大影响的生物技术、信息技术等 7 个领域，确立了 15 个主题项目作为突破重点，以追赶世界先进水平。以“有限目标，突出重点”为方针，主要的科学研究集中在生物技术、航天技术、信息技术、激光技术、自动化技术、能源技术和新材料领域。1996 年，又将海洋高技术列为计划的第 8 个领域。主要目的是，在几个极为重要的高技术领域，追赶国际水平，缩小同国外的差距，并力争在我们有优势的领域有所突破，为 20 世纪末至 21 世纪初的经济发展和国防安全创造条件；培养新一代高水平的科技人才；通过伞形辐射，带动相关方面的科学技术进步；为 21 世纪初的经济发展和国防建设奠定比较先进的技术基础，并为高技术本身的发展创造良好的条件；把阶段性研究成果同其他推广应用计划密切衔接，迅速转化为生产力，发挥经济效益。

加强基础研究。20 世纪 80 年代初，中国科学院 89 位学部委员致函党中央、国务院，建议设立面向全国的自然科学基金，得到党中央、国务院的首肯。随后，在邓小平的亲切关怀下，国务院于 1986 年 2 月 14 日批准成立国家自然科学基金委员会（简称自然科学基金委）。科学基金工作突破了以往计划经济体制下科研经费依靠行政拨款的传统管理模式，全面引入和实施了先进的科研经费资助模式和管理理念，建立了“科学民主、平等竞争、鼓励创新”的运行机制，建立健全了决策、执行、监督、咨询相互协调的科学基金管理体系，充分发挥了自然科学基金对我国基础研究的“导向、稳定、激励”功能，不断发展完善以学科体系为框架，价值评议和绩效评估为依据的管理体系。覆盖了自然科学基础研究重点学科，设有面上项目、重点项目、重大项目、重点研究计划、人才类项目等多个种类。这是科学研究走向正规、与国际接轨、逐步繁荣的重要标志，为中国基础研究播种育苗、开枝散叶。

建立完善法治制度。1984 年 3 月 12 日，第六届全国人大常委会第四次会议通过了《中华人民共和国专利法》。1993 年，第八届全国人大常委会第二次会议通过了《中华人民共和国科学技术进步法》，1996 年第八届全国人大常委会第十九次会议通过了《中华人民共和国促进科技成果转化法》。

建立健全知识产权制度。批准成立国家专利局，后改为国家知识产权局。1985 年，《中华人民共和国专利法》正式实施，实施的第一天原中国专利局就收到来自国内外的专利申请 3455 件，被世界知识产权组织誉为创造了世界专利历史的新纪录。《中华人民共和国专利法》保护发明、实用新型、外观设计三种创新成果。

改革完善国家奖励制度。设立国家科学技术进步奖、国家自然科学奖、国家技术发明奖、国家国际科技合作奖。

改革院士制度。1993 年，国务院决定将中国科学院学部委员改称为中国科学院院士，1994 年，中国工程院成立。

特殊人才津贴。1990 年，党中央、国务院决定，给做出突出贡献的专家、学者、技术人员发放政府特殊津贴。这是党中央、国务院为加强和改进知识分子工作，关心和爱护广大专业技术人员而采取的一项重大举措。这对于进一步营造“尊重知识、尊重人才”的良好社会环境，加强高层次专业技术人才队伍建设发挥了重要作用。

科技体制改革促进了国际科技合作交流的不断扩大。截至 20 世纪末，与我国签订政府间科技合作协定的国家超过百个。

四、迈进科教兴国、人才强国新征程

进入 20 世纪 90 年代，中国改革开放和经济社会发展跃上新的台阶。党的十四大确立了建立社会主义市场经济体制的改革目标，强调经济建设进一步发挥科技是第一生产力的作用。改革的深化、对外开放扩大、发展方式的转变对科学技术的发展提出更迫切的要求。经过深入调研，1995 年，中共中央、国务院作出《关于加速科学技术进步的决定》，接着召开全国科学技术大会，时任总书记江泽民代表中央宣布“实施科教兴国战略”，提出了“创新是一个民族进步的灵魂，是一个国家兴旺发达的不竭动力”的著名论断。科教兴国战略的重要内涵是，全面落实科学技术是第一生产力的思想，坚持教育为本，把科技和教育摆在经济、社会发展的重要位置，增强国家的科技实力及向现实生产力转化的能力，提高全民族的科技文化素质，把经济建设转移到依靠科技进步和提高劳动者素质的轨道上来，加速实现国家的繁荣富强。

上述决定对各主要领域科技进步进行战略部署。

（1）大力推进农业和农村科技进步，把农业科技摆在科技工作的突出位置，推动传统农业向高产、优质、高效的现代农业转变，使我国农业科技率先跃居世界先进水平。

（2）依靠科技进步提高工业增长的质量和效益，大力推进企业科技进步，促进企业逐步成为技术开发的主体。要把增强企业应用先进技术的活力，提高技术创新能力作为现代企业制度建设的重要内容，鼓励科研院所、高等学校的科技力量以多种形式进入企业或企业集团，参与企业的技术改造和技术开发，以及合作建立中试基地、工程技术开发中心等，加快先进技术在企业中的推广应用。

（3）发展高技术及其产业。鼓励科研院所、高等学校创办各种形式的高技术企业。民营科技企业是发展我国高技术产业的一支有生力量，要继续鼓励和引导其健康发展。国家高新技术产业开发区是培育和发展高技术产业的重要基地，国家视其项目适当给予优惠政策。

（4）推动社会发展领域的科技进步，加强重大疾病诊断和防治的新技术、新方法的研究，大力开发、推广清洁能源技术、清洁生产技术、污染治理技术及其装备。

（5）切实加强基础性研究，瞄准国家目标和世界科技前沿，大胆探索、勇于创新，努力攀登科学高峰。重视支持科学家特别是优秀青年学科带头人自选课题的研究。创造学术民主的良好氛围，鼓励科学探索新的科学规律，创立新颖的学术观点。

（6）深化科技体制改革的重点是调整科技系统的结构，分流人才。要真正从体制上解决科研机构重复设置、力量分散、科技与经济脱节的状况，加强企业技术开发力量，促进科技与经济的有机结合。按照“稳住一头，放开一片”的方针，优化科技系统结构，分流人才。大中型企业要普遍建立、健全技术开发机构，与科研院所、高等学校开展多种形式的合作，大力增强技术开发能力，逐步成为技术开发的主体。稳住少数重点科研院所和高等学校的科研机构，从事基础性研究、有关国家整体利益和长远利益的应用研究、高技术研究、社会公益性研究和重大科技攻关活动。保持一支精干的、高水平的科研队伍。要从科研任务、经费、设备、基地、科研人员的工作和生活条件等多方面，切实加强对“稳住一头”工作的支持。

（7）改革科技人才管理。要在科技工作的运行和管理中引入竞争机制。国家及行业、地方的科研任务实行公平竞争，通过公开招标，择优选择承担单位。科研人员的招聘、职务晋升也要通过公开竞争来进行，形成公平竞争、协同合作、合理流动、人尽其才的科技人才管理制度。要选拔、培养一批跨世纪的青年学术带头人和工程技术带头人，放手让他们担重任。要培养具有现代科技知识和经营管理才干、能率领企业参与国内外市场竞争的新一代企业家。大力弘扬优秀科技人员的拼搏奉献精神和成就，树立科学家、技术专家崇高的社会形象，使科技工作成为受人尊敬、令人羡慕的职业。要鼓励留居海外的科技人才回国工作。国家对他们实行来去自由、往返方便的政策。

（8）引导全社会多渠道、多层次地增加科技投入，尽快扭转我国科技投入过低的局面，提高各项科技经费的使用效益。到2000年全社会研究开发经费占国内生产总值的比例达到1.5%。

科教兴国战略是党中央向全党、全国各行各业和全社会发出的全面依靠和加快科技进步的动员令，被媒体评论为20世纪末最有影响力的时代强音。这些重要举措，从现在的实际来看，仍有很强的针对性和指导性。

科教兴国战略的实施，迅速在全国掀起重视科技和人才、深化科技改革、支持科技进步的热潮。国家配套出台了一系列政策措施，例如，出台了支持重点基础研究的"973计划"；设立了国家最高科学技术奖；1998年，党中央、国务院决定由中国科学院开展知识创新工程试点，加强基础性研究、战略高技术和重大社会公益研究；各级政府加大科技投入力度；努力改善和提高科技人员工作生活条件；加大对高新技术产业发展、国家高新技术开发区改革发展的支持力度；加大对企业技术进步的支持，大力鼓励发展民营科技企业；加强科学技术普及工作；扩大国际科技合作交流等。

科教兴国战略受益更大的是教育。1995年11月，经国务院批准，原国家计委、原国家教委和财政部联合下发了《"211工程"总体建设规划》，"211工程"正式启动，其主要宗旨是面向21世纪、重点建设100所左右的高等学校和一批重点学科的建设工程。“211工程”是中华人民共和国成立以来在高等教育领域由国家立项进行的重点建设工作，是实施“科教兴国”战略的重大举措，是世纪之交面对国内外形势而作出的发展高等教育的重大决策。

1999年，国务院批转教育部《面向21世纪教育振兴行动计划》，明确提出我国要有若干所具有世界先进水平的一流大学。接着“985工程”正式启动，北京大学、清华大学、中国科学技术大学、复旦大学等9所大学先行建设。2004年，又启动二期建设，获批建设的“985工程”高校总计39所。世界一流大学是一个国家科学文化和教育发展水平的标志。中国要实现现代化、增强国际竞争力，就必须要建设世界一流大学和一批国际知名的高水平研究型大学，这也是振奋民族精神和提高民族凝聚力的需要，是为建设世界教育、科技和人才强国超前布局。文件明确“985工程”建设的总体思路：以建设若干所世界一流大学和一批国际知名的高水平研究型大学为目标，建立高等学校新的管理体制和运行机制，牢牢抓住21世纪头20年的重要战略机遇期，集中资源、突出重点、体现特色、发挥优势，坚持跨越式发展，走有中国特色的世界一流大学建设之路。

“985工程”也是所选大学率先进行体制机制改革试点工程，改革主要包括：

（1）以更新人才培养观念、创新人才培养模式、改革人才评价制度为核心，全面提升人才培养质量。按照人才成长规律，统筹考虑基础教育和高等教育对拔尖创新人才培养的综合作用，更新教育观念，改革教学模式和教育评价方法，深化教育内容和培养机制的改革。着重培养学生的创新精神和创新能力。推进人才培养国际化，拓展国际视野，提高国际竞争力。

（2）以建设高水平教师队伍和高水平管理队伍为重点，实行人员分类管理，建立多种形式的内部分配和薪酬激励制度。

（3）以出高水平成果为目标，创新科研工作组织体制，建立科学的考核制度，营造有利于教师潜心治学、开展教学科研的环境。进一步改革高校内部学术组织架构和运行机制，完善治理结构，改进管理方式和资源配置方式。

（4）落实和扩大学校在建设高水平大学上的自主权。

（5）以先进的建设世界一流大学办学理念为指导，以大学文化建设和机制体制创新为基础，努力形成“中国特色、世界水平”的高水平大学发展模式和先进的大学文化。

（6）突破以传统学科界限为基础的科研管理与学科组织模式，建立有利于创新、交叉、开放和共享的运行机制，以适应现代科学发展综合化趋势。

1999 年 8 月，是我国国防科技发展的重要时间点。中共中央政治局扩大会议通过一项战略性决议，针对国际霸权主义对我国国家安全的战争威胁，特别是应对美国国家导弹防御系统的挑战，组织实施“998 工程”。“998 工程”的主要内容是提升研制新型战略战术武器；发展水上舰艇发射导弹、巡航导弹；电子激光、束光武器提前装备部队等。这是科教兴国的重大战略任务。国家强盛必须拥有现代战略战术的“撒手锏”武器，在军事高科技方面跻身世界科技和军事前沿，打造信息化战争条件下保障国家安全的坚强盾牌。这为军事高科技发展注入了强大动力，是新时期的“两弹一星”工程，对科技界特别是国防科技界更是巨大的鼓舞和激励。改革开放后，党的工作重心转向以经济建设为中心，邓小平要求部队要忍耐，国防科技经费多年不增反降，国防科研单位把工作重点放在军用技术转为民用，搞航天的生产家电，搞飞机的生产民用汽车……高科技军事装备的研究开发制造明显落伍。以“998 工程”为号角和旗帜，组织开展了新时期军事高科技的创新攻坚。中国科技人才就有这种敢于对决强手、赶超一流的雄心壮志和攻关能力，20 多年的时间，我国军事技术装备弯道超车，产生了质的飞跃，先进航空母舰、世界领先的大型驱逐舰、第四代隐身战斗机、大型运输机、专用特种军机、卫星平台、各类先进导弹、新概念武器、陆军装备，特别是信息化、智能化装备大量装备部队，形成战斗力，为我国军事现代化、信息化建设奠定了坚实基础。更可贵的是，该工程的实施培养造就了大批优秀国防科技人才，特别是一批卓越的领军人才和年轻团队。

加快建设人才强国是党和国家的一项重大战略决策。2003 年，为贯彻落实党中央提出的“人才资源是第一资源”的科学判断，制定发布了《中共中央国务院关于进一步加强人才工作的决定》，召开全国人才工作会议进行动员部署，明确提出，新世纪新阶段人才工作的根本任务是实施人才强国战略。人才问题是关系党和国家事业发展的关键问题。小康大业，人才为本。适应国内外形势的发展变化，完善社会主义市场经济体制，提高党的领导水平和执政水平，牢牢掌握加快发展的主动权，关键在人才。必须把人才工作纳入国家经济和社会发展的总体规划，大力开发人才资源，走人才强国之路。

人才强国战略突出强调坚持党管人才原则，坚持以人为本，充分开发国内、国际两种人才资源，紧紧抓住培养、吸引、用好人才三个环节，大力加强以党政人才、企业经营管理人才和专业技术人才为主体的人才队伍建设。在重大战略措施上，突出以能力建设为核心，大力加强人才培养工作；建立以能力和业绩为导向，科学的社会化的人才评价机制，建立以公开、平等、竞争、择优为导向，有利于优秀人才脱颖而出、充分施展才能的选人用人机制。以鼓励劳动和创造为根本目的，加大对人才的有效激励和保障；突出重点，切实加强高层次人才队伍建设，加大吸引留学和海外高层次人才工作力度；推进人才资源整体开发，实现人才工作协调发展。

人才强国战略和科教兴国战略相互衔接、在实施中相互促进，进一步提高了全党和全国人民重视人才和科技、尊重知识和人才、崇尚创新、依靠人才和科技创新推动全面发展的意识和行动自觉，兴起了实施科教兴国、人才强国战略的热潮。从此，人才强国战略作为国家重大战略摆在了党和政府全局工作的重要位置。特别是党的十九大，习近平总书记的报告中强调进一步深入实施科教兴国、人才强国战略，2021年召开历史上首次中央人才工作会议，提出了深入实施新时代人才强国战略的伟大号召，把两大国家战略摆在新时代国家发展全局的核心地位。

五、跃上自主创新新台阶

科教兴国和人才强国战略的广泛实施，有力推进了我国科学技术的全面进步，产业技术水平大幅提高。然而，进入 21 世纪，新的问题和挑战逐步显露，靠引进技术和消化吸收的科技进步路径越走越窄，引进高端技术的门槛越来越高，以美国为首的西方国家对我国高端技术的限制、遏制越来越严，产业升级对高端技术的自主供给提出迫切需求。这意味着我国科技发展战略和路径必须与时俱进，进行重大转变，必须把自主创新摆在国家科技战略的主体和核心地位。为此，党中央、国务院高度重视，把编制新时期科技中长期规划列为党和政府的重点工作，成立了以国务院总理为组长的《国家中长期科学和技术发展规划纲要（2006—2020 年）》编制工作领导小组（简称国家中长期编制领导小组），以科技部为主承担编制领导小组办公室的职责，集体负责组织科技界专家开展编制工作。

经过一年多的调研、酝酿，2004 年 11 月，从全国遴选的近 2000 名各重点学科、领域的高水平专家集中在北京北部郊区的一座闲置学校，着手规划的讨论、初稿的编制起草工作。专家分为近 20 个小组，其中两院院士数百名。从下向上，统筹协调后在从上到下几次反复酝酿、讨论、修改、论证，从国际发展趋势、国内发展现状、需求与短板的背景研究，到重点领域、项目、实施路径、保障条件等的专业性规划的起草，夜以继日，呕心沥血。时任中国工程院院长徐匡迪院士当时已67岁，尽管腰伤发作，难以直身，他还是把光板床搬到宿舍，坚持奋战在一线。专家多是各学科、领域的领军人才，但大家都以战略科学家的标准要求自己。瞄准世界科技前沿，聚焦行业、学科、领域的重点问题、短板和需求，在技术路线、研究路径方面大胆创新。

这是一次学术民主最为广泛、集中科学家及专家智慧最为众多的一次战略研究、规划编制，是充分体现了民主化、科学化的一次决策。在另一条战线，各部门也在紧锣密鼓地组织相关科技规划的研究工作，相关业务部门组织本部门的科技规划建议版，中国科协、中国科学院、中国工程院组织相关科技专家分别研究编写了不同形式的建议版。把各种建议、方案整理集中形成初稿，再反复讨论论证。重点领域的确定及达成共识相对容易些，但重大专项的遴选却充满波折。一是因为标准高，对标历史上“两弹一星”的地位作用；二是数量有限，大家都想争得一席；三是包括什么内容、走什么技术路线，争议更大。规划建议初稿提交后，国家中长期规划编制领导小组认真阅研。于2005年第二季度，分专题听取20多次的汇报，充分听取专家意见，科学论证。经过近一年的反复讨论、征求意见、科学论证、修改完善，报党中央、国务院批准通过了该规划纲要。2006年1月，中共中央、国务院召开全国科学技术大会，进行该规划纲要贯彻落实的动员部署。

规划纲要序言开宗明义，进入21世纪，新科技迅猛发展，正孕育着新的重大突破，将深刻地改变经济和社会的面貌。面对国际新形势，我们必须增强责任感和紧迫感，更加自觉、更加坚定地把科技进步作为经济社会发展的首要推动力量，把提高自主创新能力作为调整经济结构、转变增长方式、提高国家竞争力的中心环节，把建设创新型国家作为面向未来的重大战略选择。规划纲要提出，今后 15 年科技工作的指导方针是：自主创新，重点跨越，支撑发展，引领未来。明确到 2020 年我国科学技术发展的总体目标是：自主创新能力显著增强，科技促进经济社会发展和保障国家安全的能力显著增强，为全面建设小康社会提供强有力的支撑；基础科学和前沿技术研究综合实力显著增强，取得一批在世界具有重大影响的科学技术成果，进入创新型国家行列，为在 21 世纪中叶成为世界科技强国奠定基础。

规划纲要提出到 2020 年完成几个具体的指标，即全社会研究开发投入占国内生产总值的比重提高到 2.5% 以上，力争科技进步贡献率达到 60% 以上，对外技术依存度降低到 30% 以下，本国人发明专利年度授权量和国际科学论文被引用数均进入世界前 5 位。规划纲要特别强调，要把提高自主创新能力摆在全部科技工作的突出位置。提出经过15年的努力，在现代工业、农业、社会发展、国防等的 8 个重要方面科学技术发展实现的具体目标。值得关注的是，规划纲要的战略前瞻性，为科技强国建设提前布局，奠定坚实的基础，明确要求，涌现出一批具有世界水平的科学家和研究团队，在科学发展的主流方向上取得一批具有重大影响的创新成果，信息、生物、材料和航天等领域的前沿技术达到世界先进水平。建成若干世界一流的科研院所和大学，以及具有国际竞争力的企业研究开发机构，形成比较完善的中国特色国家创新体系。

根据全面建设小康社会的紧迫需求、世界科技发展趋势和我国国力，规划纲要提出了科技发展的战略重点。一是把发展能源、水资源和环境保护技术放在优先位置，下决心解决制约经济社会发展的重大瓶颈问题。二是抓住未来若干年内信息技术更新换代和新材料技术迅猛发展的难得机遇，把获取装备制造业和信息产业核心技术的自主知识产权，作为提高我国产业竞争力的突破口。三是把生物技术作为未来高技术产业迎头赶上的重点，加强生物技术在农业、工业、人口与健康等领域的应用。四是加快发展空天和海洋技术。五是加强基础科学和前沿技术研究。还明确了优先主题的原则。规划纲要作出四个方面科学技术发展的总体部署：

一是立足于我国国情和需求，确定若干重点领域，突破一批重大关键技术，全面提升科技支撑能力。本纲要确定 11 个国民经济和社会发展的重点领域，68 项优先主题。如能源领域包括工业节能、煤的清洁高效开发利用、液化及多联产，复杂地质油气资源勘探开发利用、可再生能源低成本规模化开发利用，超大规模输配电和电网安全保障；水和矿产资源领域包括水资源优化配置与综合开发利用、综合节水、海水淡化、资源勘探增储、矿产和海洋资源高效开发利用等；环境领域包括综合治污与废弃物循环利用、生态脆弱区域生态系统功能的恢复重建、海洋生态与环境保护、全球环境变化监测与对策；农业领域包括种质资源发掘、保存和创新与新品种定向培育、畜禽水产健康养殖与疫病防控、农产品精深加工与现代储运、农林生态安全与现代林业、多功能农业装备与设施、农业精准作业与信息化等；制造业领域包括基础件和通用部件、数字化和智能化设计制造，流程工业的绿色化、自动化及装备，大型海洋工程技术与装备，新一代信息功能材料及器件，军工配套关键材料及工程化；交通运输业包括高速轨道交通系统、低能耗与新能源汽车、智能交通管理系统等；信息产业及现代服务业包括现代服务业信息支撑技术及大型应用软件、下一代网络关键技术与服务、高效能可信计算机、传感器网络及智能信息处理、数字媒体内容平台、面向核心应用的信息安全等；人口与健康包括心脑血管病、肿瘤等重大非传染疾病防治，中医药传承与创新发展，先进医疗设备与生物医用材料；城镇化与城市发展包括城市功能提升与空间节约利用，建筑节能与绿色建筑，城市信息平台等；公共安全包括国家公共安全应急信息平台、突发公共事件防范与快速处置、生物安全保障、重大自然灾害监测与防御等。

二是瞄准国家目标，实施若干重大专项，通过核心技术突破和资源集成，在一定时限内完成的重大战略产品、关键共性技术和重大工程，实现跨越式发展，填补空白。这些是我国科技发展的重中之重，共安排 16 个重大专项，即核心电子器件、高端通用芯片及基础软件，极大规模集成电路制造技术及成套工艺，新一代宽带无线移动通信，高档数控机床与基础制造技术，大型油气田及煤层气开发，大型先进压水堆及高温气冷堆核电站，水体污染控制与治理，转基因生物新品种培育，重大新药创制，艾滋病和病毒性肝炎等重大传染病防治，大型飞机，高分辨率对地观测系统，载人航天与探月工程等，涉及信息、生物等战略产业领域，能源资源环境和人民健康等重大紧迫问题，以及军民两用技术和国防高科技技术装备。

三是应对未来挑战，超前部署前沿技术和基础研究，提高持续创新能力，引领经济社会发展。规划纲要重点安排生物技术、信息技术、新材料技术、先进制造技术、先进能源技术、海洋技术、激光技术、空天技术 8 个技术领域。从中先安排了 27 项前沿技术，18 个基础科学问题，这些至今都是世界科技前沿和基础研究的热门研究课题。同时提出实施蛋白质研究、量子调控研究、纳米研究、发育与生殖研究等 4 个重大科学研究计划。

四是深化体制改革，完善政策措施，增加科技投入，加强人才队伍建设，推进国家创新体系建设，为我国进入创新型国家行列提供可靠保障。

十多年的成功实践，充分显示了这一中长期科技规划的重要指导地位，对提高自主创新能力的关键引领作用，对国家可持续发展和安全的重大支撑和保障作用，显示了这一科技规划的前瞻性、战略性、科学性和实操性。

六、进入创新驱动发展新时代

党的十八大以来，以习近平同志为核心的党中央始终坚持把科技创新摆在国家发展全局的核心位置，要坚持走中国特色自主创新道路、实施创新驱动发展战略。习近平总书记以伟大政治家的战略目光和宏大气魄，带领全党全国人民，依靠创新引领、驱动高质量发展，推动我国新时代科技事业在更高水平上全面繁荣，科技创新取得全面突破。

习近平总书记对科技工作格外关心，对科技人才特别关爱，寄予无限厚望，给予特殊关怀，他在各地调研时，必看科技项目、工程，必关心科技人才的工作和生活。在领袖的关怀推动下，为科技界解决了多年想解决而未能解决的难题，为科技发展办了许多以前想办而没办成的大事，使广大科技人才备受鼓舞，激励着亿万科技人才奋力拼搏创新、创造科技发展奇迹。

习近平总书记在2013年视察中国科学院时强调，要结合实际坚持运用我国科技事业发展经验，积极回应经济社会发展对科技发展提出的新要求，真正把创新驱动发展战略落到实处。要坚决扫除影响科技创新能力提高的体制障碍，有力打通科技和经济转移转化的通道，优化科技政策供给，完善科技评价体系。要优先支持促进经济发展方式转变、开辟新的经济增长点的科技领域，重点突破制约我国经济社会可持续发展的瓶颈问题，加强新兴前沿交叉领域部署。要最大限度调动科技人才创新积极性，尊重科技人才创新自主权，大力营造勇于创新、鼓励成功、宽容失败的社会氛围。广大科技人员要牢固树立创新科技、服务国家、造福人民的思想，把科技成果应用在实现国家现代化的伟大事业中，把人生理想融入为实现中华民族伟大复兴的中国梦的奋斗中。

习近平总书记在2014年两院院士大会发表重要讲话中强调，今天，我们比历史上任何时期都更接近中华民族伟大复兴的目标，比历史上任何时期都更有信心、有能力实现这个目标。而要实现这个目标，我们就必须坚定不移贯彻科教兴国战略和创新驱动发展战略，坚定不移走科技强国之路。面对科技创新发展新趋势，我们必须迎头赶上、奋起直追、力争超越。历史的机遇往往稍纵即逝，我们正面对着推进科技创新的重要历史机遇，机不可失，时不再来，必须紧紧抓住。要准确把握重点领域科技发展的战略机遇，选准关系全局和长远发展的战略必争领域和优先方向，通过高效合理配置，深入推进协同创新和开放创新，构建高效强大的共性关键技术供给体系，努力实现关键技术重大突破，把关键技术掌握在自己手里。我国广大科技工作者要敢于担当、勇于超越、找准方向、扭住不放，牢固树立敢为天下先的志向和信心，敢于走别人没有走过的路，在攻坚克难中追求卓越，勇于创造引领世界潮流的科技成果。

习近平强调，实施创新驱动发展战略是一个系统工程。要深化科技体制改革，破除一切制约科技创新的思想障碍和制度藩篱，处理好政府和市场的关系，推动科技和经济社会发展深度融合，打通从科技强到产业强、经济强、国家强的通道，以改革释放创新活力，加快建立健全国家创新体系，让一切创新源泉充分涌流。要着力加快制定创新驱动发展战略的顶层设计，改革国家科技创新战略规划和资源配置体制机制，深化产学研合作，加强科技创新统筹协调，加快建立健全各主体、各方面、各环节有机互动、协同高效的国家创新体系。要着力围绕产业链部署创新链、围绕创新链完善资金链，聚焦国家战略目标，集中资源、形成合力，突破关系国计民生和经济命脉的重大关键科技问题。

习近平总书记在 2018 年两院院士大会发表重要讲话中强调，要强化战略导向和目标引导，强化科技创新体系能力，加快构筑支撑高端引领的先发优势，加强对关系根本和全局的科学问题的研究部署，在关键领域、卡脖子的地方下大功夫，集合精锐力量，作出战略性安排，尽早取得突破，力争实现我国整体科技水平从跟跑向并跑、领跑的战略性转变，在重要科技领域成为领跑者，在新兴前沿交叉领域成为开拓者，创造更多竞争优势。必须抓住基础研究这一整个科学体系的源头，瞄准世界科技前沿，抓住大趋势，下好“先手棋”，打好基础、储备长远，实现前瞻性基础研究、引领性原创成果重大突破，夯实世界科技强国建设的根基。从根本上说，只有以关键共性技术、前沿引领技术、现代工程技术、颠覆性技术创新为突破口，努力实现关键核心技术自主可控，才能把创新主动权、发展主动权牢牢掌握在自己手中。

习近平总书记十分重视人才在创新驱动战略实施中的关键作用，每次讲话都着重强调人才工作，强调创新的事业，呼唤创新的人才。实现中华民族伟大复兴，人才越多越好，本事越大越好。知识就是力量，人才就是未来。我国要在科技创新方面走在世界前列，必须在创新实践中发现人才、在创新活动中培育人才、在创新事业中凝聚人才，必须大力培养造就规模宏大、结构合理、素质优良的创新型科技人才。要把人才资源开发放在科技创新最优先的位置，改革人才培养、引进、使用等机制，努力造就一批世界水平的科学家、科技领军人才、工程师和高水平创新团队，注重培养一线创新人才和青年。

创新驱动发展战略的内涵日益丰富，战略高度日益提升，各行各业任务逐步明确，举措更加有力。

（1）创新驱动发展战略是把自主创新提升到更高的战略层次，摆在了国家发展全局的核心地位，成为全党、全社会齐心协力推进的重大任务。创新发展摆在新发展理念的首位；供给侧结构改革主要靠科技创新提供新技术、新产品、新业态和新产业。脱贫攻坚、环境整治、生态文明建设必须攻克技术难关、依靠先进技术引领支撑；突破“卡脖子”技术更需要前沿高端的自主创新；高质量发展根本动力靠高水平自主创新的驱动。创新驱动发展战略实施的强大动力，加速我国发展方式的根本转变和发展质量的显著提升。

（2）党的十八大之后，是《国家中长期科学和技术发展规划纲要（2006—2020 年）》的实施进展最大、取得原始自主创新成果最多的时期。该规划纲要提出的目标在 2020 年基本完成，党中央、国务院加大了支持强度，加强了统筹协调，科技人才奋力攻关创新，创新链产业取得了重大的创新突破。例如，16 个重大专项的大飞机项目，运 -20 大型运输机及改装的专用机已列装部队，成为战略空军的重要平台；C919 干线客机已完成试飞验证，即将商业化运营；北斗导航定位系统实现全球组网，定位精度国际领先，在军民多领域广泛应用；宽带移动通信，5G 系统全球领先；先进核电装备，第三代压水堆“华龙一号”技术水平国际一流，第四代核电站高温气冷堆实现商业化运营；深海石油钻井平台跻身世界先进行列；集成电路及制造装备国产化取得重大进展，逐步实现进口替代，与国际先进水平差距快速缩短；重大传染病专项，国产几种新型冠状病毒疫苗不仅构筑国内防疫的防线，而且大批量出口为国际抗疫做出突出贡献；高端数控机床、大型海洋装备、巨型军用民用船舶制造跃上国际先进技术水平；超级计算机多年位于世界魁首；石油、页岩气、可燃冰开采技术和装备为缓和我国油气紧张立下大功；以超级杂交水稻为代表的农产品高产育种技术为保障中国粮食安全做出重大贡献；超高速飞行器列装部队对敌形成战略威慑……在 11 个重点领域和 8 个技术前沿，我国大批原创性成果处于与发达国家并跑甚至领跑地位。如高速列车领先世界；电动汽车实现弯道超车，我国成为世界最大的制造国；特高压为骨干的坚强能源互联网国际领先；量子通信和量子计算机与美国不分伯仲；生命科学众多成果处于世界前沿；新材料多点突破创新支撑着其他技术领域的巨大进步……这些巨大成就既是创新驱动发展战略实施带来的硕果，又为创新驱动发展注入强大动力。

（3）“面向 2030 年部署一批重大科技项目和重大工程”（简称“面向 2030 重大项目”）成为带动我国科技创新整体水平提升的新龙头。在习近平总书记的关心和指导下，新时代国家研究推出了“面向 2030 重大项目”的战略部署，起到了承前启后的作用，它既与 16 个重大专项有机衔接，又加固了建设科技强国的坚实基础。比如，2006 年部署的 16 个重大专项涉及电子信息、先进制造、能源环境、生物健康和太空开发等领域，新部署的面向 2030

年的15个重大科技项目也大致是在这些领域。重大专项2020年结束后，确保这些领域的研发延续下去。面向2030年的15个重大科技项目，如部署的量子通信和量子计算机重大项目，比传统的信息技术有了重大升级，迈向世界前沿；国家网络空间安全和“天地一体化”信息系统，还有大数据，比较一下内容就可以看出部署非常超前。先进制造领域有两个重大专项，一个是高档数控机床和基础制造技术，另一个是大飞机，其取得的成就有目共睹，产品已经应用和列装。同样在这个领域，将新部署面向2030年的3个科技创新重大项目：一是航空发动机和燃气轮机，二是智能制造和机器人，三是重点新材料。在能源环境领域，过去部署了大型油气田、先进压水堆和高温气冷堆，还有水体污染治理几个重大专项，现在将部署智能电网、煤炭清洁利用、京津冀环境综合治理等科技创新项目。为抢抓人工智能发展的重大战略机遇，构筑我国人工智能发展的先发优势，加快建设创新型国家和世界科技强国，2017年7月，国务院发布《新一代人工智能发展规划》，确定了三个阶段的目标，即到2020年人工智能总体技术和应用与世界先进水平同步，到2025年人工智能基础理论实现重大突破，部分技术与应用达到世界领先水平，人工智能成为带动我国产业升级和经济转型的主要动力，智能社会建设取得积极进展。到2030年人工智能理论、技术与应用总体达到世界领先水平，成为世界主要人工智能创新中心，智能经济、智能社会取得明显成效，为跻身创新型国家前列和经济强国奠定重要基础。在加强大数据智能、跨媒体感知计算、人机混合智能、群体智能、自主协同与决策智能等方面重点部署。在基础理论研究、关键共性技术体系、建设布局人工智能创新平台、加快培养聚集人工智能高端人才等方面全面规划，制定了路线图。

（4）《国家创新驱动发展战略纲要》是向世界科技强国进军的行动指南。在习近平总书记的谋划和主持下，2016 年 5 月，中共中央、国务院印发了《国家创新驱动发展战略纲要》，要求各地区、各部门结合实际认真贯彻执行。这是党中央在新的发展阶段确立的立足全局、面向全球、聚焦关键、带动整体的国家重大发展战略。在我国经济发展进入新常态，传统发展动力不断减弱，粗放型增长方式难以为继的形势下，必须依靠创新驱动打造发展新引擎，培育新的经济增长点，持续提升我国经济发展的质量和效益，开辟我国发展的新空间，实现经济保持中高速增长和产业迈向中高端水平“双目标”。在我国加快推进社会主义现代化、实现“两个一百年”奋斗目标和中华民族伟大复兴的中国梦的关键阶段，必须始终坚持抓创新就是抓发展、谋创新就是谋未来，让创新成为国家意志和全社会的共同行动，走出一条从人才强、科技强到产业强、经济强、国家强的发展新路径，为我国未来十几年乃至更长时间创造一个新的增长周期。

《国家创新驱动发展战略纲要》要求紧扣发展，坚持问题导向，面向世界科技前沿、面向国家重大需求、面向国民经济主战场，明确我国创新发展的主攻方向，在关键领域尽快实现突破，力争形成更多竞争优势；强化激励，坚持创新驱动实质是人才驱动，落实以人为本，尊重创新、创造的价值，激发各类人才的积极性和创造性，加快汇聚一支规模宏大、结构合理、素质优良的创新型人才队伍。第一步，到 2020 年进入创新型国家行列，基本建成中国特色国家创新体系，有力支撑全面建成小康社会目标的实现。第二步，到 2030 年跻身创新型国家前列，发展驱动力实现根本转换，经济社会发展水平和国际竞争力大幅提升，为建成经济强国和共同富裕社会奠定坚实基础。第三步，到 2050 年建成世界科技创新强国，成为世界主要科学中心和创新高地，为我国建成富强民主文明和谐的社会主义现代化国家、实现中华民族伟大复兴的中国梦提供强大支撑。具体特征是，科技和人才成为国力强盛最重要的战略资源，创新成为政策制定和制度安排的核心因素。拥有一批世界一流的科研机构、研究型大学和创新型企业，涌现出一批重大原创性科学成果和国际顶尖水平的科学大师，成为全球高端人才创新创业的重要聚集地。

《国家创新驱动发展战略纲要》确立的战略部署和重点任务，务实且具有前瞻性。提出按照“坚持双轮驱动、构建一个体系、推动六大转变”进行布局，构建新的发展动力系统。双轮驱动就是科技创新和体制机制创新两个轮子相互协调、持续发力。

（5）建设国家创新体系。要建设各类创新主体协同互动和创新要素顺畅流动、高效配置的生态系统，形成创新驱动发展的实践载体、制度安排和环境保障。明确企业、科研院所、高校、社会组织等各类创新主体功能定位，构建开放高效的创新网络，六大转变就是发展方式从以规模扩张为主导的粗放式增长向以质量效益为主导的可持续发展转变；发展要素从传统要素主导发展向创新要素主导发展转变；产业分工从价值链中低端向价值链中高端转变；创新能力从“跟踪、并行、领跑”并存、“跟踪”为主向“并行”“领跑”为主转变；资源配置从以研发环节为主向产业链、创新链、资金链统筹配置转变；创新群体从以科技人员的小众为主向小众与大众创新创业互动转变。

（6）推动产业技术体系创新，创造发展新优势。加快工业化和信息化深度融合，把数字化、网络化、智能化、绿色化作为提升产业竞争力的技术基点，推进各领域新兴技术跨界创新，构建结构合理、先进管用、开放兼容、自主可控、具有国际竞争力的现代产业技术体系，以技术的群体性突破支撑引领新兴产业集群发展，推进产业质量升级。

（7）强化原始创新，增强源头供给。坚持国家战略需求和科学探索目标相结合，加强对关系全局的科学问题研究部署，增强原始创新能力，提升我国科学发现、技术发明和产品产业创新的整体水平，支撑产业变革和保障国家安全。

（8）深化区域创新布局，打造区域经济增长极。聚焦国家区域发展战略，以创新要素的集聚与流动促进产业合理分工，推动区域创新能力和竞争力整体提升。

（9）深化军民融合，促进创新互动。按照军民融合发展战略总体要求，发挥国防科技创新重要作用，加快建立健全军民融合的创新体系，形成全要素、多领域、高效益的军民科技深度融合发展新格局。

（10）壮大创新主体，引领创新发展。明确各类创新主体在创新链不同环节的功能定位，激发主体活力，系统提升各类主体创新能力，夯实创新发展的基础。

（11）实施重大科技项目和工程，实现重点跨越。在关系国家安全和长远发展的重点领域，部署一批重大科技项目和工程。

2017年1月，经国务院批准同意，教育部、财政部、国家发展和改革委员会印发《统筹推进世界一流大学和一流学科建设实施办法（暂行）》，分批建设“双一流”大学。

七、开启建设科技和人才强国新征程

2016年5月30日，全国“科技三会”（即中国科协第九次全国代表大会、全国科技创新大会、两院院士大会）联合在京召开，这是首次召开规模如此宏大的科技盛会。习近平总书记在人民大会堂对几千名科技界的代表发表重要讲话。“不创新不行，创新慢了也不行。如果我们不识变、不应变、不求变，就可能陷入战略被动，错失发展机遇，甚至错过整整一个时代。”“实现‘两个一百年’奋斗目标，实现中华民族伟大复兴的中国梦，必须坚持走中国特色自主创新道路，面向世界科技前沿、面向经济主战场、面向国家重大需求，加快各领域科技创新，掌握全球科技竞争先机。这是我们提出建设世界科技强国的出发点。”

习近平总书记提出五大战略任务：一是夯实科技基础，在重要科技领域跻身世界领先行列；二是强化战略导向，破解创新发展科技难题；三是加强科技供给，服务经济社会发展主战场；四是深化改革创新，形成充满活力的科技管理和运行机制；五是弘扬创新精神，培育符合创新发展要求的人才队伍。总书记又一次强调人才的关键作用并指出，“允许科学家自由畅想、大胆假设、认真求证”“要让领衔科技专家有职有权，有更大的技术路线决策权、更大的经费支配权、更大的资源调动权”“使蕴藏在亿万人民中间的创新智慧充分释放、创新力量充分涌流”。最后，总书记豪迈地讲道：发动科技创新的强大引擎，让中国这艘航船，向着世界科技强国不断前进，向着中华民族伟大复兴不断前进，向着人类更加美好的未来不断前进。

习近平总书记的重要讲话吹响了建设世界科技强国的号角，是制胜科技强国和人才强国的动员令。讲话高瞻远瞩、高屋建瓴、落地有声，给科技工作者以极大鼓舞、鞭策。总书记对科技人才的关怀、信任、委以重托，令广大科技人才心潮澎湃、激情满怀，与会人员产生强烈共鸣，会场多次爆发出热烈掌声。总书记的讲话让大家感受到，党和国家正在营造一个让各领域科技人才和创新成果不断涌现的土壤，有了这个土壤，我们就能在世界科技的重要领域有突出的创新成果，科技强国梦就一定会实现。

在党的十九大报告中，习近平总书记强调，创新是引领发展的第一动力，是建设现代化经济体系的战略支撑。要瞄准世界科技前沿，强化基础研究，实现前瞻性基础研究、引领性原创成果重大突破。加强应用基础研究，拓展实施国家重大科技项目，突出关键共性技术、前沿引领技术、现代工程技术、颠覆性技术创新，为建设科技强国、质量强国、航天强国、网络强国、交通强国、数字中国、智慧社会提供有力支撑。加强国家创新体系建设，强化战略科技力量。

党的十九届五中全会通过了《中共中央关于制定国民经济和社会发展第十四个五年规划和二〇三五年远景目标的建议》（简称《建议》），为迈入党的第二个百年奋斗目标——实现中华民族伟大复兴的中国梦的新征程开篇布局。建设科技强国和人才强国摆在重要战略地位。《建议》强调，坚持创新在我国现代化建设全局中的核心地位，把科技自立自强作为国家发展的战略支撑，面向世界科技前沿、面向经济主战场、面向国家重大需求、面向人民生命健康，深入实施科教兴国战略、人才强国战略、创新驱动发展战略，完善国家创新体系，加快建设科技强国。制定科技强国行动纲要，健全社会主义市场经济条件下新型举国体制，打好关键核心技术攻坚战，提高创新链整体效能。

整合优化科技资源配置。以国家战略性需求为导向推进创新体系优化组合，加快构建以国家实验室为引领的战略科技力量。聚焦量子信息、光子与微纳电子、网络通信、人工智能、生物医药、现代能源系统等重大创新领域组建一批国家实验室，重组国家重点实验室，形成结构合理、运行高效的实验室体系。支持发展新型研究型大学、新型研发机构等新型创新主体，推动投入主体多元化、管理制度现代化、运行机制市场化、用人机制灵活化。

持之以恒加强基础研究。强化应用研究带动，鼓励自由探索，制定实施基础研究十年行动方案，重点布局一批基础学科研究中心。加大基础研究财政投入力度、优化支出结构，对企业投入基础研究实行税收优惠，鼓励社会以捐赠和建立基金等方式多渠道投入，形成持续稳定投入机制，基础研究经费投入占研发经费投入比重提高到8%以上。建立健全符合科学规律的评价体系和激励机制，对基础研究探索实行长周期评价，创造有利于基础研究的良好科研生态。

加强原创性引领性科技攻关。在事关国家安全和发展全局的基础核心领域，制定实施战略性科学计划和科学工程。瞄准人工智能、量子信息、集成电路、生命健康、脑科学、生物育种、空天科技、深地深海等前沿领域，实施一批具有前瞻性、战略性的国家重大科技项目。从国家急迫需要和长远需求出发，集中优势资源攻关新发突发传染病和生物安全风险防控、医药和医疗设备、关键元器件零部件和基础材料、油气勘探开发等领域关键核心技术。

建设重大科技创新平台。支持北京、上海、粤港澳大湾区形成国际科技创新中心。适度超前布局国家重大科技基础设施，提高共享水平和使用效率。集约化建设自然科技资源库、国家野外科学观测研究站（网）和科学大数据中心。加强高端科研仪器设备研发制造。构建国家科研论文和科技信息高端交流平台。

这是我国建设科技和人才强国的第一个规划，从国际大视野和民族伟大复兴的战略高度布局、奠基。

2021年9月27日，庆祝中国共产党建党百年大会后不久，党中央在京召开第一次中央人才工作会议。习近平总书记的重要讲话，进一步明确“深入实施新时代人才强国战略，加快建设世界重要人才中心和创新高地”的具体原则、目标、战略任务和举措。

建设世界科技和人才强国的宏伟蓝图已经绘就，进军号角已经吹响，各路科技人才厉兵秣马，正向着既定目标披荆斩棘、拼搏攀登、勠力奋发。通过几十年的开拓奋进，我们已具备坚实的基础，拥有强大的实力。21 世纪中国创新力量快速崛起，深刻改变着世界创新版图。

经过几十年不懈努力，我国建立了完整的学科和技术门类体系，形成了完整的创新价值链，取得了一大批有国际影响的重大成就。一是科技人才规模居世界首位。2021 年，我国专业技术人员达 7839 万人，其中全时制研究开发人员 540 万人，理工医农大学毕业生每年 250 多万人。二是我国学科、技术领域、产业门类齐全完整，世界少有。三是科技支撑条件居世界前列。我国研究开发投入 2.7864 万亿元，占 GDP 的比例为 2.44%，居世界第二位，科研装备设施水平媲美发达国家。四是科技产出能力已跨入世界前列，国内专利申请量 140 万件，授权量 45 万件、PCT 国际专利申请量近 7 万件，科技论文发表量和高被引数居世界前列，近年来每年的数量都有较大增长，2021 年仅次于美国，居世界第二位。五是综合创新能力显著跃升，国家创新指数排名上升到第 12位。

从科技发展水平看，我国科技出现由跟跑向并跑乃至在一些领域领跑的重大转变。先进装备制造能力居世界前列，高铁、电力装备、大型工程机械、大飞机、大型船舶、海洋装备、化工装备等处于世界一流水平。高速铁路、特高压输变电、高难度油气田、核电、超级水稻等领域的技术大规模商业应用，开始向国外出口。载人航天、深海探测、超级计算、煤化工等持续突破，带动了相关科学、技术和工程领域的发展。在新一代信息技术领域，高端芯片被“卡脖子”的局面正在破局，各种具有自主知识产权的芯片市场占有份额逐年提高，基础软件自立自给迈出坚实步伐，大数据和云计算技术及应用世界领先，物联网、工业互联网技术发展应用居国际前列，大型超级计算机多年位居榜首，5G 移动通信技术领先美欧诸强。在人工智能领域，我国科学家发表的论文数量、拥有专利数量与美国不分伯仲，部分领域核心关键技术实现重要突破。语音识别、视觉识别技术世界领先，自适应自主学习、直觉感知、综合推理、混合智能和群体智能等初步具备跨越发展的能力，中文信息处理、智能监控、生物特征识别、工业机器人、服务机器人、无人驾驶逐步进入实际应用，人工智能创新创业日益活跃，一批龙头骨干企业加速成长，在国际上获得广泛关注和认可。加速积累的技术能力与海量的数据资源、巨大的应用需求、开放的市场环境有机结合，形成了我国人工智能发展的独特优势。

在科学前沿等相关基础研究领域，铁基超导、中微子、量子信息、外尔费米子、纳米科技、空间科学、干细胞和再生医学、生命起源和进化等若干前沿和新兴领域研究取得一批世界领先的重大成果。化学、材料、物理、工程、数学、地学等主流学科已接近世界前列。中国科学院科技战略咨询研究院、中国科学院文献情报中心和科睿唯安公司联合发布的《2016研究前沿》报告指出，在国际180个热点前沿和新兴前沿中，中国表现卓越的研究前沿有30个，超过了英国、德国、日本、法国，仅次于美国，居世界第二位。这30个表现卓越的研究前沿覆盖了8个领域，在化学、材料科学领域比较集中，在物理、生物、工程、数学、计算机等领域分布均匀。美国国家科学基金会发布的《科学与工程指标2016》显示，中国已成为仅次于美国的世界第二研发大国，在科技论文产出、高技术制造增加值等重要指标方面已居世界第二位。中国在世界学术产出的占比，已由20年前的不到3%上升到2015年的18%左右。2008—2014年，我国专利申请量与授权量分别增长400%和450%，分列世界第一位和第二位。

从科研设施实力看，我国整体上处于国际先进水平。大科学装置是一个国家综合科技实力的体现和未来科技创新发展的基础。我国已建成并投入使用的大科学装置有26个，还有10个大科学装置进入初期规划阶段，将有力支撑我国在科技前沿取得重大突破，解决战略性、基础性和前瞻性科技问题。

我国比较好地利用后发优势和庞大的市场规模，在引进消化吸收基础上再创新，在开放合作中创新，产业技术含量不断提高，中国高技术产品世界占比已超过27%。在一些领域，中国有了自己的创新品牌。麦肯锡全球研究所发布的《中国对全球创新的影响分析报告》表示，中国在计算机产品和制造程序的改善两个领域的创新领先世界。中国移动互联网、移动支付和共享经济走在世界前列，普及程度远超世界其他任何地区。中国高铁在短短的

10 多年时间里高速发展，截至 2021 年年底投入运营的里程达 4 万千米，占世界高铁总里程的 70%，成为世界上高速铁路运营里程最长、在建规模最大的国家，代表了“中国制造”成长的速度。

在科技人才方面，我国具有无可比拟的人才资源优势，现有研究开发人员及后备人才资源丰富，工程师数量占全世界的四分之一，每年培养的工程师相当于美国、欧洲、日本和印度的总和。一批科技帅才和领军人物活跃在国际舞台。以中国科学院为代表的国家战略科技力量和北京大学、清华大学等一批研究机构正向世界一流研究机构迈进。中国科学院在 2020 年汤森路透发布的“全球最具创新力政府研究机构 25 强”中排名第 11 位，北京大学、清华大学在多项排名中进入世界大学百强。华为、阿里巴巴、腾讯等一批创新型企业具有国际竞争力。认清差距是更好前行的基础。与美国、德国等创新型国家相比，我国在相关指标方面存在明显差距，自主创新特别是原始创新能力不强，关键领域核心技术受制于人的局面亟须根本改变，科技供给特别是具有自主知识产权的核心技术供给不足尚不能有效满足经济社会发展和国家安全需求，高端前沿技术还受制于人，高水平科技人才和创新成果不足仍是我国创新发展的短板和软肋。

当今世界正处在百年未有之大变局中，抢占创新和经济发展制高点的竞争更加激烈，新冠肺炎疫情等不利因素迫使全球经济增长放缓。强化人才资源和创新优势，提升全要素生产率以获得增长新动能，已成为世界各国寻求走出低迷、恢复经济繁荣的不二选择。新一轮科技革命势头强劲，原始创新和颠覆性技术相继涌现，正在重塑全球科技和经济发展竞争格局。我国正处于创新驱动转型发展、塑造发展新格局的关键时期，人才引领发展将加快实现科技的自立自强步伐，为新技术、新产业发展和经济增长升级注入新动力。我国具有世界最大的市场空间，国计民生日益增长的巨大需求带给科技创新巨大牵引力。中国共产党领导的社会主义制度提供了强大独特的制度优势，这为新时代科技和人才强国建设奠定了坚实基础，积累了强劲的动能。时间紧迫、任务繁重，但只要我们抓住历史机遇，在现有良好基础上坚定自信，发挥好比较优势，发掘好人才的强大潜能，加速创新发展步伐，加快建设世界重要人才中心和创新高地，就一定能实现建成科技和人才强国的目标。

第五章
科技自立自强的实施路径

几十年科技和人才发展振兴的辉煌成就，为我国科技自立自强打下了坚实基础。党的十九届五中全会上，习近平总书记的讲话特别强调，坚持创新在我国现代化建设全局的核心地位，把科技自立自强作为国家发展的战略支撑。这是建设科技和人才强国的重大战略定位和重大举措。战略决策已定，关键在于落实。实现科技自立自强，需要全方位协同努力。其中一点是要研究好实施路径。

一、面临的挑战和机遇

实现科技自立自强，我们面临千载难逢的历史机遇：

（1）抓住世界科学革命和新技术革命窗口期。以智能化为主导的新一轮科技革命正在全球蓬勃兴起。科技发展呈现出使命主导、纵深延展、交叉融合、复杂系统、群组突破、快速转化的特征。新一代信息技术起着科技变革的龙头作用，与绿色技术、生命科学、新材料、空天科技交叉渗透，深度融合，以组群突破方式推动着现有技术体系和产业群体的更新换代，促进了一系列颠覆性创新、新兴产业及新业态的出现。特别是新一代信息技术，随着摩尔定律逼近极限，硅基芯片替代技术多元发展，量子信息科技快速突破并试点应用，从电子学基础替代进行着技术的颠覆性创新。5G 技术的广泛应用，促进了万物互联的发展应用，在此平台上，大数据、人工智能、区块链、边缘计算等功能不断发展升级，组群技术的融合突破大大强化了装备和网络的智能化功能。数字化、智能化与现有技术体系的渗透融合，给传统产业和技术赋能。智能化给能源、材料、先进制造、生物、空天等领域带来深度变革和功能升级，使原来难以实现的众多动能变为现实。这对我国而言，提供了百年未有的窗口机遇，发展的战略升级、弯道超车有望成为现实，如新一代信息技术，我国现有芯片“卡脖子”领域有望换道赶超。我国在 5G、工业互联网等信息基础设施建设领域全球领先，在大数据、区块链、边缘计算、虚拟及增强现实等领域也已处于国际前列，人工智能等技术与美国并驾齐驱、各有千秋，因此我们有望与发达国家同步进入智能化时代，甚至在一些方面占据领先优势。我国正在实施的碳达峰、碳中和战略，倒逼能源及相关产业的绿色低碳转型，这必将为新一代绿色能源和节能、环保技术的快速发展应用提供强大动力；数字化、智能化与制造业特别是装备制造的融合赋能，必将带动制造业的整体升级，促进我国产业链迈向高端；全球新冠肺炎疫情，加快了我国生物医药技术的发展升级，在现有生命科学良好的基础上，14亿多人口的巨大健康市场，必然拉动生物技术及产业的加速发展，带动健康产业、现代农业的全面升级。简言之，这次全球新科技变革与我国现代化强国战略高度契合，机遇大于挑战，千载难逢，为实现中华民族伟大复兴的中国梦赐予良机、送来东风。

（2）驾驭世界科技版图变化和人才流动新趋势。新科技革命推动着世界科技版图的变化。美国作为科技发达国家的优势还将持续较长时间，但中美科技并驾齐驱引领世界的格局正在形成。欧洲作为老牌科技先进国优势明显衰落，世界科学中心的转移必然伴随着人才的迁移，向着科技经济发展先进国家逐步聚集。我国提出深入实施新时代人才强国战略，提出建设世界重要人才中心和创新高地的路线图及时间表，将有力加快创新、优化人才发展环境，增大对全球高端人才的吸引凝聚力，若干年后有望形成与美国并列为“双人才中心”的格局。我国科技自立自强的人才资源优势将进一步加强，构筑起建成科技和人才强国的比较优势。

（3）实现第二个百年奋斗目标赋予的新使命。中国科技人才有着强烈爱国热情和报国使命感。我们已踏上实现第二个百年奋斗目标的新征程，党的二十大对这一目标实现的路径和策略进行了全面部署。中央已明确把科技自立自强摆在战略发展全局的核心地位，充分发挥科技第一生产力、人才第一资源、创新第一动力的关键作用，坚持“四个面向”，深入实施人才强国战略，实现中华民族伟大复兴是14亿多人民心中最强烈的愿望，更是千万科技人才追求的炽热梦想。在建功报国的黄金时代，行进在制胜世界科技和人才强国的伟大征途，将激发科技人才激扬才华、努力奋斗、为国拼搏的强大创造力，担当起先锋队主力军的历史重任，实现自己崇高的理想。有此精神力量的鼓舞，中国科技人没有克服不了的艰难险阻，定能担当起自立自强的时代重任。

（4）我国发展积淀形成崛起的综合厚实基础。经过 70 多年的发展，我国科技已建立综合性的厚实基础，形成了覆盖所有门类的学科专业体系；形成了规模最大、结构合理、整体水平较高的科技人才队伍；正在建设一批高水平甚至世界一流的大学、国家实验室等科研基地和先进的科研实验装备及大科学装置；科学论文、发明专利等科技成果数量及影响力处于世界前列；科技投入达到创新型国家标准，总量仅次于美国居世界第二位；综合创新能力指标每年大幅上升，进入世界前列。站在这综合性的坚实基础上，我们有尽早实现自立自强的基础和能力。

（5）有效转化制度优势为科技跨越发展效能。中国共产党的领导是我国最大的政治优势，有益于把科技和人才工作摆在党和国家的重要优先地位，制订规划政策重点支持科技和人才发展。不仅在组织重大科技工程方面体现社会主义制度集中力量办大事的优越性，在改革攻坚革除体制弊端障碍、营造最优创新和人才发展环境方面，也能充分发挥党的坚强领导优势，转化成加速科技自立自强、跨越发展的综合效能。

同时，还应清醒地认识到我国面临的挑战也非常严峻：

（1）西方国家的打压遏制将进一步恶化科技发展的国际环境。

在更多领域特别是前沿高端领域，西方国家限制制裁遏制的力度加大，妄图“卡脖子”的面更宽、度更紧。对人才交流合作的限制更严，甚至会采用强盗逻辑和野蛮手段加大对相关人才的迫害，造成一种限制与中国科技合作交流的紧张气氛。一方面要与之针锋相对争取权益，另一方面倒逼我们要加快自立自强的节奏。

（2）克服科技发展的短板弱项需久久为功。我国科技发展在落后西方国家上百年且一穷二白的基础上起步，虽经几十年的赶超，整体水平接近，但在众多学科和产业领域，特别是在科技前沿和高端技术领域仍存在着不少短板，特别是在一些核心、关键技术上还受制于人，被“卡脖子”。自立自强必须首先突破封锁，补上短板做强弱项，但这绝非一日之功，必须锲而不舍攻坚克难。

（3）长期持续破除体制深层痼疾束缚需锲而不舍。我国科技体制是在计划经济体制框架下形成的，又受到封建意识残余的影响，虽然经历了 40 多年的改革，但仍有不少藩篱束缚存在于体制内，甚至像行政化、“官本位”、官僚主义、形式主义等顽瘴痼疾，严重束缚着科技人才创新的积极性，导致科研创新的分散重复浪费资源，急功近利降低质量。必须以刮骨疗毒的气魄深化改革攻坚、革除弊端。

（4）创新文化和社会氛围需下气力。科技发展规律表明，科技创新和人才发展最具决定性的因素是创新和人才成长环境，全社会浓厚的创新和科学氛围也是促进创新和人才发展的沃土。我国虽然在这些方面不断进步，但与科技创新和人才强国建设的目标相比，问题依然较多，困难仍旧较大，需动员全社会共同努力改进完善。

二、把握的基本原则

在世界百年未有之大变局下，面对以美国为首施加的重大压力和严峻挑战，着眼服务国家新时代发展转型升级的大局，必须从两个大局出发，瞄准方向，聚焦重点，优化攻克难点、堵点，形成科技自立自强的正确战略战术。

1. 支撑新发展格局

2020 年，在党的十九届五中全会通过的《中共中央关于制定国民经济和社会发展第十四个五年规划和二〇三五年远景目标的建议》提出，加快构建以国内大循环为主体、国内国际双循环相互促进的发展新格局，是以习近平同志为核心的党中央根据我国新发展阶段、新历史任务、新环境条件做出的重大战略决策。坚持扩大内需这个战略基点，加快培育完整内需体系，把实施扩大内需战略同深化供给侧结构性改革有机结合起来，以创新驱动、高质量供给引领和创造新需求。这明确要求先进技术的供给要以自主创新为主。科技自立自强的首要任务就是有力支撑新发展格局，不但为深化供给侧改革提供自主技术支撑，而且要引领支撑中国产品扩大国际市场，推动中国自主技术及产品走向世界，造福全球。没有科技的自立自强就难以形成新发展格局，而新发展格局的建立也为自主创新开辟了广阔的市场和发展空间。

2.“破卡”切入

中国科技的自主创新，“两弹一星”、航天科技都是在国外围堵封锁下自主研发成功的。通过“巴统协定”西方封锁我们几十年，即便在经济全球化进程中，也对我们进行尖端技术禁运。美国的“卡脖子”战术无非是从暗地捣鬼到明目张胆禁止。对我们而言，反而提供了加强自主研发攻关的项目单。但是要想科技自立自强，必须首先解决迫在眉睫的技术供给问题，把破除“卡脖子”的技术优先安排，集中优势力量攻克难关。从策略上抓紧而不急于求成，迭代式深入，在实战中完善，创新中超越。同时，借此积累经验，锻炼队伍，带动全方位自主创新升级。

3. 原创引领

这要求创新路径的重大转变。前几十年，我国的科技主要是跟跑，创新路径以引进消化吸收再创新为主；实施自主创新战略后，逐步以集成创新为主，同时强化了对以国内重大科学发现和技术发明为基础的原始创新的支持，并取得长足进步。我们目前几乎已处在与西方国家同一水平的创新高度上，再加之技术封锁，难以引进甚至合作研发前沿高端技术特别是核心技术。科技自立自强，要求必须以原始创新为引领，带动集成创新和消化吸收再创新的升级。对此要加大对基础研究和前沿技术研发的支持力度，政府带头、企业调整投入结构，形成全社会进行原始创新的合力，增强原始创新力度和成果供给的数量和质量，以更长远的目光谋划科技发展格局，抢占国际原始创新制高点。

4. 融合创新

若想破解自立自强的难关，需要更加注重协作融合。顺应世界科技革命新趋势、新特点，加强跨学科跨领域的交叉融合创新，推进创新链、产业链、供应链的融合，增强产学研用融合，缩短从基础研究到转化应用、产业化的链条。要加强数字化、网络化、智能化与工业化的深度融合，为传统产业赋能，加快带动产业的转型升级，提升产品质量和生产效率。

融合创新关键是人才的有机协调配合，更需要跨学科、跨专业的战略领军人才的统筹指挥，合理高效地把各方面力量融合起来，把各自特长集成为综合优势，提高创新效率和攻坚能力，加快科技自立自强的步伐。

5. 体系化推进

从我国科技和产业发展正反两方面的经验分析，体系化推进包括科技产业融合、围绕全产业链进行全创新链的统筹部署和协同推进，是提升自主创新系统水平和产业技术水平的有效方式，也是实现科技与产业自立自强的有效途径。航天系统、高铁系统都是成功的范例。而有的产业，如半导体和软件、机床产业等，或各自为战，或过分依赖引进，有散状点的突破但没有形成自主的体系，外部环境一变就易受制于人。科技自立自强必须与全产业链自主创新发展有机衔接、融合，形成独立自主的产业体系和供应链，引领支撑新发展格局的形成。

高质量体系化推进，必须体系化做好谋划设计。建议组织编制好产业技术谱系，形成主干、分支、细节及辅助技术的树状图或网络拓扑图，搞清各技术之间的联系，各类、各技术在其中发挥的作用，对技术体系中的薄弱环节都清晰可见，精准补齐短板。

6. 扩大开放

新发展格局要求扩大开放。科技自立自强绝不是封闭创新，更需要扩大开放。国际科技合作是大势所趋，应对全球气候变化、抗击全球新冠肺炎疫情、开展热核聚变、和平利用太空等都需要全球科学家合作。科技合作交流是研发的最小成本。即便是美国政府对我国技术封锁制裁的今天，很多西方企业还是有与中国技术合作的愿望。科技发展也要遵循新发展格局，用好国内国际双循环，善于利用国际技术和人才资源增强自主创新能力，发展壮大自己。再从全球战略高度和长远利益考虑，构建人类命运共同体，科技开放合作可以成为先导、做出贡献。

7. 聚才为先

人才是科技创新的根本，科技自立自强更要激发人才的创造力、调动人才的积极性。我们要按照习近平总书记的要求，不仅要自主培养和用好人才，还要积极引进人才，聚天下英才而用之，尤其是要着力加强国家战略力量、基础研究人才建设，加快推进新时代人才强国战略深入实施，加快建设世界重要人才中心和创新高地。

三、以优势拉动重点自立

只要系统剖析我国的科学和技术体系，就会发现目前结构不均衡现象依然严重，既有传统领域的基础技术短板问题，也有高科技前沿特别是核心技术依然薄弱的问题。有些领域与国际先进水平存在差距，甚至仍受制于人，被“卡脖子”；也有系统集成不完备，有些技术先进，但存在短板，集成技术不过硬，可靠性不足；更有原始创新能力不足，基础研究深度和前瞻性不够，对未来发展趋势把握不准等问题。建立自立自强的科研开发体系，必须找准短板、弱项，聚焦问题、难题，精准施策，系统提升创新水平。

在实施路径选择上，既要选准聚焦缺陷、短板、弱项着力攻坚、优先突破，又要利用我国的客观优势将其转化为科技自立自强的助力推进器和效率，把我国已有比较优势增强为制高强势，要善于统筹谋划，从后来居上赶超、前沿超前布局、加强基础研究原创能力等多路径推进。

1. 聚焦进口替代，实现“卡脖子”技术自创自给

我国在很长一段时期重整机、轻零部件和元器件现象突出，觉得组装效率高，通用件已是标准件，国际市场购买便利、成本低。中国习惯“跟随式发展”，难以从根本上摆脱先行者控制。在经济全球化国际市场环境好的情况下，大家对此习以为常，不愿在自主研发进口替代上花力气。致使很多所谓的高技术产品，对我们来说就是组装，长期位于产业链下端、对外依赖也心安理得。如今美国及同伙技术制裁时，恰恰是一些原本不起眼的“小物件”成为“卡脖子”的核心技术，教训惨痛。但亡羊补牢，为时不晚。必须增强自主创新替代进口的信心，只要想干就没有克服不了的困难。从另一个角度看，这些“卡脖子”的技术和产品虽有较高的技术含量和技术诀窍，但并非难以参悟。多数研制路径基本清断，突破知识产权壁垒实现自主创新并非高不可攀。要组织好系统研究分析，分类施策，联合攻关。有些是大宗装备基础部件、材料关键技术，有些是前沿高技术产品中的关键部件，如信息产业的核心芯片 CPU 存储器仍以进口为主，高精度传感器依然存在高端供给国际寡头垄断、低端产品供给国内过剩的现象。美国、日本、德国占据 70% 的市场，中国仅占约 10%。工业结合家用机器人用的控制器、减速机、专用伺服电机等关键部件主要靠进口；集成电路制造业能力不足，缺少核心技术，较大比例的配套材料需要进口；我国高端工业软件市场 80% 被国外垄断，中低端市场的自主率也不超过 50%；80% 的高端数控机床和 90% 的数控系统依赖进口……面对艰巨任务和严峻挑战，我们要痛下决心攻克难题，补上短板；要跨界组织相关专家或以揭榜挂帅形式分工合作、强强联合。另外还要把握好高技术的另一规律，即在使用中不断改进完善，不能急功近利，要通过优先采购政策扶持等措施，加强技术服务，逐步完善升级。这方面已有众多成功范例，如集成电路，从设计、制造、制造装备、配套材料等都已经或正在实现进口替代。中国科技人才只要下决心干，就没有克服不了的困难和办不成的事情。

2. 对标制造强国，提升基础技术高精专水平

我国传统产业占比很大，制造业规模居全球首位，是唯一拥有全部门类的国家。但大而不强的问题依然突出，如质量基础相对薄弱，关键核心技术与高端装备对外依存度高，资源能源利用效率低，领跑、并跑比例小，落后国际先进水平较多等。从排序看，美国单独处于第一方阵，德国、日本在第二方阵，中国在第三方阵首位。但是，鉴于实体经济，特别是制造业对我国的极端重要性，要对标建设制造强国的目标要求，将引领支撑这一目标作为科技自立自强的重要任务。

目前，全球制造业普遍面临着提高质量、增加效率、降低成本、快速响应的强烈需求，还要不断适应广大用户不断增长的个性化消费需求。而我国的基础技术仍相对落后，制造业的核心技术、工业“四基”和关键装备受制于人的局面未能得到根本改变。核心基础零部件和元器件、关键基础材料、先进基础工艺、工业软件和重要产业技术基础严重依赖进口。

工信部对全国 30 多家大型企业的 130 多种关键基础材料调研结果显示，32% 的关键材料在中国仍为空白，52% 的关键材料依赖进口。电子信息产业与国外发展差距明显，究其根本在于我国在电子陶瓷和人工晶体材料、半导体材料、化工材料、有色金属材料、稀土功能材料、显示材料等新材料产业方面的基础保障能力不强，无法为电子信息产业发展提供相应的材料配套支撑，我国电子信息产业过分依赖国外的技术和产品。电子信息产业元器件生产需要数十种重要材料，缺一不可，且大多数材料具备极高的技术壁垒。碳化硅半绝缘衬底、导电衬底及外延片：应用于衬底及外延，主要从美国进口。MEMS 器件封装玻璃粉：应用于电子元器件，主要从美国、日本进口。

制造精度、零部件质量和可靠性、生命周期等仍是制造业升级的短板。例如，大型盾构机用轴承、密封件主轴承合金元素、杂质含量控制主轴承锻件、滚子热处理技术超大直径密封结构设计、制造及表面处理技术均存在短板。发动机主要轴承寿命、模具产品使用寿命均较国外低 30% ~ 50%，通用零部件产品寿命一般为国外同类产品寿命的 30% ~ 60%。

基础工艺薄弱、质量基础不完善，阻碍我国产业迈向中高端。现有质量技术基础不能满足工业发展需要，直接影响我国制造业的整体质量水平和国际竞争力。究其原因，多年来，我国制造业粗放发展、急功近利现象突出。缺少顶层设计，工业基础研究重视不足，产业链发展不协调，整机、系统、成套设备与工业基础发展严重脱节；产业共性技术研究不够、科技与经济融合不足，一旦中间阶段被弱化，就严重削弱工业技术的基础，导致整体技术水平升级难。

所以，我们必须将制造技术的全面自主创新作为导向，把攻克基础技术、零部件及元器件、材料、工艺等缺陷、短板弱项作为重点和突破口，以高精专的标准全面提升技术水平，把一些主要零部件和材料的进口替代放在优先攻关的位置，以局部突破带动整个技术体系的升级。推进工业互联网在制造业的应用，促进数字化、智能化与工业化的融合。努力在制造业的科技自立自强中率先取得成效，以自主创新驱动建成世界一流的制造强国。

3. 增强比较优势，形成更大制高强势

经过多年自主创新的累积，我们已在不少行业、领域、产品体系上后来居上，形成了比较优势和较强国际竞争力。技术更新换代频率加快，国际技术竞争加剧，我国不仅要力争保住优势，更要再接再厉，乘势而上，做大做强优势，站稳国际竞争制高点，处于国际领先地位。华为在此方面为我们提供了成功范例。华为5G通信技术领先世界，拥有国际专利世界第一，领先主要竞争对手欧洲的爱立信和诺基亚，占领美国与欧洲多国的5G通信市场。美国把华为作为头号制裁对象，穷尽各种手段打压，并外交施压欧洲国家及其他国家放弃华为产品。但由于华为的5G通信技术具有领先优势，一些美国的伙伴国不甘心听从于美国而牺牲本国利益，最后还是选择华为作为合作伙伴，就连美国铁杆兄弟英国也有条件地继续与华为合作。从另一方面看，美国绝不甘心于这次的落伍，必定会纠集同伙加强6G通信技术的超前研发，妄图夺回失去的优势，因此我们切不可掉以轻心，有丝毫懈怠。相信华为在国内众多机构、企业的大力支持下，未雨绸缪，会继续保持6G等技术的领先优势。这个事例警醒我们，千万不能有了小优势就觉得安全了，必须居安思危，要乘胜进击，把微弱的比较优势增强为国际竞争霸权地位的强势，在自立上稳扎稳打、站稳脚跟，才能确保持续自强，立于不败之地，这才是科技强国所需要的气势。类似的领域和行业还有很多，如高铁、核电、智能电网等，照此路径可以以成熟的套路、相对低的成本，取得更大的领先竞争优势和效益。

4. 利用市场拉动和技术集群助推，补上某些自主技术缺陷

巨大的应用需求和市场容量是拉动自主创新的强大力量，也是打破知识产权壁垒实现自立自强的有效举措。我国14亿多人口，特别是几亿中等收入人群日益增长的消费需求，所形成的巨大市场空间成为我们加强自主创新的一大优势。以国内市场为主的新发展格局增强了对自主创新的拉动力。如电动汽车技术，我国前瞻布局早动手快，当时就准确判断在燃油汽车领域技术趋于成熟，要想打破国外品牌的市场主导地位很难，但电动车可能成为赶超的希望。起步初期，我国的技术与国际先进水平仍有很大差距，但随着绿色发展战略的引导，政府补贴政策的鼓励，国内消费群体逐步扩大，尤其是紧盯市场信号不断加强自主研发、技术创新带动性能升级，特别是引进特斯拉的“鲶鱼效应”，我国车企与科研机构合作，加大了在动力电池、控制系统、外观设计、安全保障等多方面的自主创新。目前国产电动汽车技术水平和整体性能跃入国际先进行列，与知名品牌不相上下甚至领先，成为世界生产规模最大的国家，国产品牌成为消费者热宠而主导国内市场，成为电动汽车第一出口大国，进入许多发达国家市场。其中新能源汽车数量已达 1001 万辆，占汽车总量的 3.23%。2022 年上半年，全球新能源车销量为 321 万辆，同比增长 67%，其中我国新能源汽车销量就占到了全球销量的 59%。我国高速列车发展也是一个有说服力的成功案例。日本、德国、法国的高铁技术曾遥遥领先于我们，但在 20 世纪 90 年代后期，我国采用了引进消化吸收创新的技术路线，逐步实现了整套装备的自主创新，又逐步完成了控制系统，以及轴承、轮毂的自主研制生产，如今整个技术体系已经实现完全自主，整体技术水平及未来储备都领先于世界，中国高铁成为一张亮丽的国际名片。这主要得益于国内巨大的应用需求拉动的自主创新，也是技术体系带动的关键零部件和子系统的自主研制。另外，我国芯片每年进口超过 3000 亿美元，当然这也是进口替代的重点领域，这里强调的是，目前，国内市场的巨大需求的拉动，政府得当的协调和政策扶持，已使我国在集成电路设计、设计软件、芯片制造、系列装备及辅助配套材料的自主研制方面都取得了重大突破，芯片设计进入国际先进行列，28 纳米、下一步进军 14 纳米等大宗市场的芯片制造逐步扩大国产化规模。自主研制的核心装备光刻机虽与发达国家产品有差距，但已投入使用，其他装备基本实现国内制造，刻蚀机等跃升国际领先地位。相信近几年将实现整个领域技术装备的自主创新，真正实现自立自强。还有一个奇迹是口罩先进生产线的研制生产，新冠肺炎疫情初期，口罩全球告急，国务院国资委组织航天、船舶、机械、石油化工等多个行业龙头企业协同攻关，仅用十几天时间研制成功并投入生产，生产效率和质量让世界点赞，成为包括美欧在内的全球口罩主要供应商，这一路径可推广到各相关领域，如作为农业大国，虽然我国大宗粮食、水产品等品种也在进行自主培育，但是不少果蔬、畜禽良种还主要依赖进口；还有大批科研仪器装备、大量高端医疗装备、检验检测装备主要依赖进口。发挥我国全球第一大消费市场优势，谋划组织好自主创新，实现这些领域的科技自立自强未来可期！

5. 依托工程带动技术开发，提高成套设备自主创新能力

我国是世界基本建设大国，在推进高水平城市化进程中，基建任务依然繁重，将基本建设与技术及装备研制开发结合，是提高自主创新能力和水平的有效路径。如前几十年的城市建设，有力带动了我国建筑技术和建筑机械自主创新，起重机、挖掘机、推土机等系列国产装备跃居国际先进水平。隧道、地铁建设催生了盾构机技术水平世界领先；港口建设运营带动了自主创新的中国制造港机装备走向世界；海上石油开采带动了深海石油开采平台跨入国际先进水平；现代煤矿建设运营使我国矿山机械、自动化智能化开采掘进装备领先世界；水电站建设、光伏发电、风电场建设带动水电装备、光伏设备、风电设备走在世界前列……未来，我国重大工程仍将高质量发展，完全用融合创新发展的思路带动相关领域加速科技自立自强进程。新基建就是一个带动高端技术发展的平台，如智慧城市建设可带动工业互联网、人工智能、先进传感器和感知网、车联网、卫星导航和遥感等新一代信息技术建设。

6. 打造公共平台，激活专精特新技术众创水平

大量的中小科创企业是自主创新的生力军。美国的硅谷、波士顿新剑桥新技术集群等区域的科创企业，都是现代信息、生物、人工智能等前沿技术创新创业的骨干力量。中国高新技术产业开发区聚集了大批科创企业，像华为、中兴、大疆、百度、腾讯、京东、联想等已快速成长为全球性巨人企业，成为某行业或技术领域的领头羊。近年来大众创业、万众创新活动，加快了科创企业的孵化培育。值得一提的是各类新科技组织迅猛发展，成为中国科技自立自强的生力军。据工信部数据，截至 2021 年，中国“专精特新”企业有 4 万多家，“小巨人”企业达到 4762 家，制造业单项冠军企业达到848家，成为产业链、供应链的有力支撑。超50%企业研发投入在1000万元人民币以上，超60%企业属于工业基础领域，超70%企业深耕行业10年以上。“十四五”规划指出，要培育100万家创新型中小企业、10万家“专精特新”中小企业、1万家专精特新“小巨人”企业、1000家制造业单项冠军企业。因此，要发挥好这些科创企业在自主创新、自立自强中的作用，除优化创新创业环境、加大政策支持力度之外，政府应主动作为，为他们创新创业服务，搭建众创平台。例如，依托科研机构、转制为科技企业的原工业部门科研机构、大学等，建立公用、基础性技术研发平台，实验室对这些科创企业优惠开放，共建联合研发机构等。再如，鼓励由中国科协牵头成立新科技组织联合会，作为与政府联系的纽带和相互交流的平台，为他们提供所需信息等服务，维护企业权益，加强行业自律。政府支持、企业参与建立“融合创新信息网云”，促进科技组织的多种合作、融合创新，改变目前分散重复、“烟囱”“孤岛”现象，带动提高融合创新、众创水平，使这些充满活力、遍地开花的包括各类科技企业在内的新科技组织发展壮大，成为科技自立自强的有生力量。

7. 瞄准前沿技术研发，抢占领跑先机

随着新科技变革广泛深入在全球开展，融合创新模式的普遍采用，前沿创新加速，颠覆性创新增多，新兴技术不断出现，很多技术，包括现在热门的技术都在加快更新换代。我国拥有几十年的科研储备，已具备良好基础，有大量人才技术储备。科技自立自强必须及早布局，立足国内外两个大局，前瞻性、针对性地布好先手棋，选择若干重点领域，加大支持、协同合作、融合创新，更多创造换道超车、抢占先机的机会。使引领与赶超统筹推进，全面提升我国在前沿高端的自主创新能力，形成科技自立自强的新格局。例如，利用摩尔定律逼近极限的时机，加大碳纳米管及石墨烯等碳基芯片的研发力度，加快光电子、越导、生物芯片的研发，加大第三代半导体研发应用力度，抢占硅基芯片换代期间我国占领相关技术领域有利位置的先机。再如，量子通信、量子计算、量子测量技术成为世界创新热点，目前，我国与美国各有所长、并驾齐驱地处在全球领先地位，但我们的应用生态占据优势地位，部署得当会赢得由电子向量子信息代际转换的主动权；在生命科学和生物医药领域，我国有良好基础，拥有众多著名科学家和学科领军人才，14 亿多人的营养健康需求巨大，我国在基因组学的应用普遍展开，在生物医药特别是疫苗研究方面与西方比肩，在干细胞、基因编辑、蛋白质组学及应用、合成生物学等方面努力跻身国际先进方阵。在人工智能领域，除技术与国际水平相近之外，我们在其依托的大数据、感知网络、5G+ 工业互联网等平台具有比较优势，而且应用潜力大。因此，我们要坚定自信，不会再丧失甚至贻误这次乘势而上的机遇。

8. 加大基础研究力度，增强持续原创能力

加强基础研究已凝聚成社会共识，投入强度增大、比例升高。科技自立自强的长久之计在于探索能力的提升、基础研究的繁荣、原创能力的增强。要着眼于建成世界科技和人才强国的战略目标，切实加大基础研究人才特别是领军人才和科学大师的培养、关爱、引进的力度，利用其便利的条件扩大国际合作，特别要按照基础科研规律，建优研究平台、创优学术和人才成长环境。继第二次科学革命100多年来，科学家一直探索下一次科学革命的方向，其中不少科学家对复杂科学突破抱有希望。因为复杂科学涵盖物质科学、环境科学、生命科学、脑科学、社会生态学各领域，不仅体现了交叉融合的时代特点，也能形成普适规律的科学范式。暂且不预测新科学革命，我国的基础研究新布局既要顺应世界科学发展规律和趋势，又要凸显中国的优势和需求，特别是体现“四个面向”的方向，有利于为中国科技领跑世界做好准备、奠定基础。另外，要认真参照“巴斯德象限”的规律，改革转变机制，加快基础研究成果的转化。

四、体系化推进整体自强

体系化推进，是既突出重点又强调科技与产业融合、带动整个体系的自主创新，从而全面提升我国科技自立自强水平的正确路径。值得关注的是，现代科技发展趋势和特点，不仅是科技链与产业链的有机融合，而且是学科间、产业间相互交叉渗透、互动融合，再加上我国正处在经济和科技发展转型的关键时期，为现代科技发展提供了难得的机遇。科技自立自强将增强引领和驱动发展升级的动力，而经济向高质量发展的转变升级又将为科技自立自强提供推动力和拉动力。因此，必须强化统筹协同的策略，在互动融合中相互促进。

1. 绿色转型关键技术体系

能源资源和生态环境仍是制约我国发展的瓶颈，也是加快绿色低碳发展、实现“双碳”目标的重点。能源的技术体系与其领域交叉多，传统技术与前沿技术融合深。要把握能源革命的要求和规律，以绿色为前提，以保供为根本，把绿色发展技术体系的自立自强作为率先实现的目标。

作为一个现代化的人口大国，在核聚变技术投入商业应用前，化石能源仍是我国一次能源主体，煤炭在较长时间内仍是一次能源的主体。我们必须掌握世界领先的煤炭清洁、高效、低碳排放的技术体系。同时，减少油气资源的对外依赖是我国科技创新需要优先解决的问题。要加大探寻和开采油气资源的技术能力，包括深海油气探采、可燃冰探采、页岩气探采都应有较大的突破，尽力提高自给的比例。应进一步提升绿色发电技术的水平和领先优势，包括清洁低碳的火电技术和交通工业民用能源的绿色节能技术，进一步扩大水电、光伏、风力发电等可再生能源的比重，重点从原始创新着手提高光电转化效率。进一步研发升级第三代、第四代安全运营多类核电的技术水平，大幅提高其在发电中的比重。强化“5G+ 工业互联网 + 人工智能”与传统智能电网的融合，促进分布能源网与骨干网的融合，提升能源互联网在高效调配能源、节能降碳的重要平台作用。提升碳捕捉、存贮和转化技术水平，使我国绿色技术体系整体水平跃居世界前列。另外，在继续保持国际热核聚变（ITTR）项目国际合作的同时，强化我国自主创新的优势，领先国际热核聚变研究发展，率先实现示范和商用。

2. 新一代信息技术

新一轮信息技术变革引领着新科技革命的蓬勃开展，向其他学科领域的渗透影响及融合更突出了其主导学科的龙头地位。而中国信息化应用普及的广度、强度优于美、欧等国家和地区，构筑了厚实的社会基础和技术积淀，因此更新换代是中国换道超车的良机。人工智能作为新一代信息技术的“魂”，成为新一轮科技革命的突出特征，我国虽在底层技术上仍与美国存在一些差距，但总体上与美国并驾齐驱保持世界领先地位，而未形成技术依赖，中国的应用更加活跃、拓展很快，以应用促发展会增强中国人工智能发展的动能，我们有能力强和条件领先的优势。

电子元器件特别是集成电路现在作为信息技术的心脏，随着技术的更新换代，我们补齐短板、缩小差距的良机也来了。要以三条路径布局：一是在硅基芯片上继续追赶，二是替代硅基芯片的弯道超车，三是继续加大量子信息研发应用力度。借应用和市场势能拉动提高创新能力，超前布局，加强对量子通信、量子计算、量子传感技术的研究，实现新赛道上并跑或反超。集成电路技术、基础软件、制造装备、材料、核心元器件等短板领域要努力取得重大突破。加大探索量子信息技术研发力度，加强高维量子态操控、高品质量子纠缠制备、量子存储中继等共性关键技术的研发，提升核心部件、组件自主研发能力和系统化集成，加速通用量子计算机和专用量子计算机研制。

感知网作为信息技术感官部分将有大的发展，我们在这方面与国际先进技术的差距有机会借技术换代大幅缩小，边缘计算和智能传感器及感知网技术发展应用将加快缩小我国与美、欧、日的差距。因此，加强新一代智能传感器、智能测量仪表、工业控制系统、网络通信模块等智能核心装置在重大技术装备产品上的集成应用尤为重要。利用新一代信息技术增强产品的数据采集和分析能力。5G+ 工业互联网作为新一代信息技术的主要集成平台，也是人工智能的支撑平台，目前中国在应用领域处于领先地位。我们要加大发展完善力度，特别是加快第六代移动通信技术（6G）的研究开发，扩大优势。另外，大数据及云计算、区块链、边缘计算、虚拟和增强现实等功能模块，将成为新一代信息技术扩展功能的多种支撑，也是智能化的有力支撑。要努力推进以 5G、互联网、云计算、工业互联网为代表的数字基础设施能力建设，保持国际领先水平。进一步推进空天地海立体化网络建设和应用示范，打造空天信息网枢纽，开展空间信息综合应用示范。完善地表低空感知网络工程，拓展在空中、远洋、高山、荒漠等环境下的智能交通应用，推进智慧海洋和智慧航运应用。提升大数据发展水平，强化数据安全保障。

利用我国与世界先进国家在人工智能领域同步发展的机遇，巩固扩大我国研究开发优势，强化基础。完善人工智能基础理论体系，开展人工智能的神经科学、认知科学、心理学等基础学科的交叉研究。集约建设人工智能计算中心和开源社区，构建人工智能公共数据集，推动人工智能开源框架发展，构建基于开源开放技术的软件硬件、数据协同的生态链。加强人工智能芯片自主创新点，突破芯片设计、制造等技术。围绕国家战略和产业需求，加快人工智能关键技术转化应用。培育一批人工智能产业创新集群。总体来看，我们要把握好硬软技术发展与应用水平的平衡，要保持新一代信息底层、中层技术不落后，顶层应用业务扩展技术占优，推进在信息全领域的自立自强，进而增大领先优势。

注重完善科技与产业融合发展机制，数字技术与实体经济深度融合，提升数字经济发展质量，在促进壮大人工智能、大数据、区块链、云计算、网络安全等新兴数字产业发展中提升自主创新水平。打造世界领先水平、数字产业化、产业数字化繁荣发展的数字产业集群。加快新一代信息技术在各行各业的推广应用，用信息化、智能化提升发展水平，推动重大技术装备和新一代技术的融合发展。积极探索人工智能技术在电力、先进轨道交通、航空航天、农业等重大技术装备领域的应用，推动制造业及电网、铁路、公路、水运、民航、水利、物流、应急等基础设施智能化水平不断提高。围绕建设数字中国目标，大力发展数字经济，强化数字化、智能化与工业化、城市化深度融合，数字化、绿色化协同发展。打造一体化、智慧化公共安全体系，推进新型智慧城市高质量发展。在以信息化、智能化推进国家治理体系和治理能力现代化方面展示科技创新新作为。

3. 生命科学和生物技术

生命科学和生物技术与人民群众健康和生活质量密切相关，覆盖从基础研究到产业发展全产业链条，又是国家发展战略重点，相关产业涉及工农业、生态环境、卫生健康等多个领域，带动性强。近年来，生命科学和生物技术在分子层级实现多方位突破，对维护生命健康的效能日益突出。随着全面建成小康社会，人民群众对健康的需求不断提升，新冠肺炎疫情更增强了人们的防控意识，因此，生命科学和生物技术自立自强的优先地位更加凸显。同时，人民群众对健康的迫切需求和巨大的消费市场，为该领域提供了加速推进体系化的动力。

提升健康水平和生活质量是生命科学和生物技术发展的首要使命。重大传染病和常见慢性病的防治，首先要从基础研究中摸清机理，从科学上探索有效防治、标本兼治的有效途径。十几年来，我国在基因组学、蛋白质组学、基因编辑、干细胞与组织再生、生命组学、单细胞测序技术、合成生物学、脑机接口、生物成像、免疫治疗等一系列生物医药高新技术上有了重大突破。要善于应用人工智能等新一代信息技术与生命科学和生物技术深度融合，破解基础研究难题，建立自立自主的基因组、蛋白质组及其结构、功能的数据库等宝贵资源平台。

要针对我国目前在新医药特别是生物创新药自主创新能力不足的问题，努力扭转生物医药研究试剂、耗材、仪器设备、生物数据信息、实验动物、细胞与菌毒株，以及文献检索等资源国际依存度高的尴尬局面。立足本土的生物医药技术创新的质量和水平仍需进一步提高，医药成果临床转化与产业化发展的能力还不够强，基础研究原创性科学发现和颠覆性技术缺乏，生物大数据应用等技术积累与共享机制较薄弱。

要进一步提高认识和解析生命的能力，推动生物医学研究向精准、定量和可视化方向发展。抓住生命科学和生物技术仍处于新知识、新发现蓬勃涌现的阶段、技术前后迭代效应明显的时机，进一步开发新的防治方法，研制有效的创新药物。以创制重大医药产品为导向，重点突破具有自主知识产权的重大原创性药品，如抗癌化学药、抗体产品、新型疫苗等。针对生物医药技术创新成果需求明确、转化应用快速的特点，培育一批在世界有影响力的龙头企业，引导产出关键医学技术、重大药物产品和大型医疗器械装置，牢牢掌握健康保障的主动权，加快构建我国生物医药产业新体系，促进我国健康经济高质量发展。依托不断完备的技术体系和丰富的临床资源，建设适合我国健康需求的新型生物医药技术转化体系，产出具有自主知识产权的疫苗、药物，培育战略新兴产业。通过聚焦人类医学与健康的重大需求，坚持自主创新和生物安全底线，进一步扩大国际交流与合作，牢牢把握新时代发展的战略机遇，我国生物医药技术及相关产业将以更多科学突破和创新创造形成高新科技生产力，稳步推进经济社会高质量发展，不断提高人民健康和生活质量。

强化多学科交叉融合，打造医疗健康新模式和高新技术密集的高性能医疗器械推陈出新、升级换代。推进信息技术、材料技术、智能技术与生命医学深度融合，形成以可穿戴无线生物传感技术为核心、以移动健康智能手机为平台、以健康大数据分析为支撑的医疗健康保障新技术与应用体系，改变传统的健康促进及疾病监测、治疗模式。提升远程医疗系统水平和普适性，聚焦偏远地区医生匮乏和医疗条件的不足，大大加强医疗服务的可及性和优质资源的辐射支撑性，使人民群众共享优质医疗资源。适应人口老龄化加快的新形势，人工智能和可穿戴设备及护养机器辅助设施在医养结合中的重要作用，为老年人提供持续的健康管理服务。

加强生物技术在农业领域的应用，加快生物育种技术、农业基因编辑技术的研究开发和推广应用，提升在果蔬、畜禽等方面优质品种的自主研发培育能力。在确保安全性和扩大透明度的前提下，提升转基因技术的应用水平。进一步提升拓展生物技术在防治病虫害中的作用。为中国人的碗里主要装中国食品提供自主创新支撑。

进一步发挥生物技术在生态文明建设中的重要作用，应用先进生物技术促进生物多样性，有效监测和防治有害生物入侵，保障生态安全。

提升生物技术在工业上的应用水平：一是以可再生资源（生物资源）替代化石燃料资源；二是利用生物体系如全细胞或酶为反应剂或催化剂的生物加工工艺替代传统的、非生物加工工艺。加强功能基因组学与代谢工程、系统生物学、合成生物学、生物信息学等与传统工业生物学的融合。探索微生物（酶），大力研究催化功能基因多样性、微生物（酶）的多样性原理、发掘工具和理论，扩大和完善生物催化的数据库。充分发挥工业微生物基因资源、生物催化剂多样性在工业生物技术发展升级中的推动作用。利用生物催化多样性的功能提高生物乙醇、生物柴油、沼气和生物制氢等生物能源生产水平，促进传统的以石油为原料的化学工业变革，向条件温和、以可再生资源为原料的生物加工过程转移。

利用生物技术生产有特殊功能、性能、用途或环境友好的化工新材料，特别是利用生物技术可生产一些用化学方法无法生产或生产成本高，以及对环境产生不良影响的新型材料。利用生物生产工艺取代传统工艺，攻克生物可降解高分子的生产难题。加快应用基因重组菌种取代或改良传统的发酵工业等。推动以生物催化和生物转化为特征，形成生物能源、生物材料、生物化工和生物冶金等新兴产业，促进以化石为原料的工业经济迈向生物质经济的现代工业技术革命。

4. 高端装备制造技术

建成世界一流的制造强国，增强国家战略竞争力，集中体现在高端（高技术）装备制造上。它具有先进技术密集、多学科交叉融合、产业链长、产业带动能力强的特点。我国装备制造技术有了长足发展，但发展得很不平衡。建设科技强国、制造强国，必须全面提升高端装备制造水平，跃入世界前列。

（1）把智能化作为升级高端装备的龙头。智能制造装备是具有感知、决策、执行功能的各类制造装备。在自动化数字化的基础上，加快向智能化升级，操作运行的自动化、智能化、精准化程度大幅提高。加快推动新一代信息技术与制造技术融合发展，把智能制造作为两化深度融合的主攻方向，着力发展智能装备，推进生产过程智能化，培育新型生产方式，全面提升企业研发、生产、管理和服务的智能化水平。推动5G、大数据、工业互联网、区块链等新一代信息技术与制造业融合，加快研制“两化”融合度、供应链数字化管理、产品全生命周期管理，推动设备上云入网等，强化互联网智慧赋能。发展人工智能、区块链等在装备制造领域应用的适用性技术，推动智能制造关键装备的迭代升级，鼓励面向特定行业的智能制造成套装备，推动工业知识软件化、业务能力软件化平台部署，发展嵌入式操作系统和软件。加快智能传感器、智能测量仪表、工业控制系统、网络通信模块等智能核心装置在重大技术装备产品上的集成应用。增强产品的数据采集和分析能力。推进人工智能技术在电力、先进轨道交通、航空航天、高端机床、医疗和农业等重大技术装备领域的应用。

（2）把绿色化作为高端装备发展的强制标准。从制造到运营的各个环节，确保节能环保噪声低。全面推行绿色制造，加大先进节能环保技术、工艺和装备的研发力度，加快制造业绿色改造升级，积极推行低碳化、循环化和集约化，提高制造业资源利用效率；强化产品全生命周期绿色管理，努力构建高效、清洁、低碳、循环的绿色制造体系。鼓励发展绿色增材制造，把美国、德国作为目标，加大技术全面赶超力度。

（3）把提高安全可靠性作为硬性约束精益求精。做到从零部件到系统质量可靠，人机界面友好。强化工业基础能力核心基础零部件（元器件）、先进基础工艺、关键基础材料和产业技术基础等工业基础薄弱环节，重点提升液气密元件及系统、轴承、齿轮及传动系统、自动控制系统等关键基础零部件的质量和可靠性，着力破解制约重点部件质量提升的瓶颈。加强质量品牌建设，提升质量控制技术，完善质量管理机制，夯实质量发展基础，实行产品全生命周期质量检测管理，努力实现制造业和高端装备质量大幅提升。鼓励企业追求卓越品质，形成具有自主知识产权的高质量、高可靠性的名牌产品，不断提升企业品牌价值和中国制造整体形象。

（4）全面推动新一代交通运输、航天装备国际领先。我国高铁等轨道交通装备、大型船舶的制造、航天装备、无人机等已处于国际先进行列，有的已经达国际领先水平。大型民用客机、大型运输机、直升机等进步很快，基本实现了自主创新，但与国际先进水平仍存在差距。这些装备高技术含量密集、系统性强、质量标准高，最能体现国家的整体科技实力、现代制造水平和综合国力。今后重点是在现有平台上进一步提升数字化、智能化水平，带动整体性能的升级；另一个重点是强化发动机、某些材料及零部件的质量和可靠性。根据强长项、补短板的原则，保持和增强已处先进水平的技术升级能力，推进全体系化升级，强化领先优势。对于各类飞机来说，则对标国际先进水平找差距、取长补短强化自主创新水平，实现追赶跨越，保证不落伍于制造强国和科技强国建设的节奏。

（5）进一步提升工业和工程装备的智能化、绿色化、安全可靠性水平。在机械、冶金、化工、纺织、资源开采、电力、建筑等基础设施建设等重点产业的装备制造上，我国已经处于世界先进水平，要强化优势，在提高质量和安全可靠性上下功夫，提高制造环节的质量全程控制，尽力攻克材料、工艺等短板问题。加强系统优化和外观美化，进一步扭转“傻大粗”的外观形象。重点强化数字化、智能化的融合升级，强化控制系统、操作系统的安全可靠，隐患的智能化监测识别。以高质量、高性能扩大出口，提高国际市场占有率。

（6）加快补上基础制造装备落后的短板。2006 年实施的国家中长期科技发展规划，把数控机床等机械制造装备列为重大专项组织攻克，是制造强国的基础工程，在长足进步中仍要正视国产装备的弱项短板。包括数控机床及冲压、锻造、铸造、焊接、热处理等“工业母机”，我国目前与美、德、日等国仍有差距。

瞄准高档数控机床技术朝着高速、高精度、高可靠、功能复合、极端制造、绿色制造、网络化和智能化的方向发展。强化数控系统、精密轴承、导轨等关键功能部件产业，高档数控机床核心机电、液压、气动、光学元器件和整机产品、先进刀具、测量工具等部件的技术升级，形成了具有全球竞争力的完整产业链。特别要抓住发展智能数控机床、提高数控机床装备产业的智能化水平机遇，弯道超车。把数控机床与新一代人工智能结合形成的智能机床，以智能机床为核心的智能制造单元，结合机器人与控制等软硬件形成的智能生产线、智能制造车间、智能制造工厂、智能制造生态系统。此外，融合减材制造、增材制造和激光加工等多功能为一体的复合加工机床，带动工作母机产业的发展整体升级。

聚焦增材制造装备继续发力，在产业创新能力、工艺技术和装备、关键零部件配套、产业应用等环节的关键核心技术方面取得了系列突破，发展成飞机、运载火箭、舰船、核能等战略领域的先进制造手段，形成涵盖增材制造金属材料、元器件、制造工艺、装备技术、重大工程应用的全链条的技术创新体系，加快整体技术水平接近国际先进、部分领域国际领先的步伐。

（7）奋力摆脱高端科研试验装备、检验检测仪器、医疗装备的对外依赖。我们科研用的扫描电镜等高端仪器装备近 90% 靠进口；食品药品、工业质量检验检测用的高端质谱仪、色谱仪、光谱仪、核磁共振检测仪器等多数依靠进口；三甲医院使用的核磁共振、高端 CT、化疗仪器等多数也依靠进口。这些仪器成为我国装备的空白实在令人汗颜。虽然这些仪器的共同特点是精密度高、灵敏度高、智能化程度高，但这不能成为我们甘心落伍的理由。多年的探索和经验积累，使我们的研制生产基础逐步加强，配套能力显著提高。我们必须下苦功组织攻关，特别是要坚持以企业为主体、产学研用结合机制，扶持包括新科技组织在内的企业牵头挂帅，用市场激励创新，尽快填补上空白。

5. 物质科学和高端新材料

高端新材料是制造业、信息、能源等各行业的技术基础，是重大工程成功的保障，不但起着支撑作用而且发挥着引领作用。高端新材料的研究制备，具有基础性、先导性、前瞻性强的特点，一方面与物质科学紧密关联，另一方面与多学科交叉融合，是许多相关领域技术变革的基础和导引。近年来研究突破接踵而至，材料种类与功能日益丰富，成为推动其他学科领域变革的催化剂。

（1）进一步强化物质科学、材料科学等基础研究，厚积薄发。物质科学从物理、化学性能研究，深入到更深层的物质特性的研究，如量子力学性能，量子反常霍尔效应等。固体物理的重大突破催生了系列拓扑材料，材料与物理深度融合产生了高温超导材料。以材料设计和模拟为基础的，以材料基因工程为代表的一系列材料设计新方法的出现，不断突破现有思路、方法的局限性，借鉴生物学上的基因工程技术，探究材料结构与材料性质变化的关系，并通过调整材料的原子或配方、改变材料的堆积方式或搭配，结合不同的工艺制备，得到具有特定性能的新材料，推动新材料的研发、设计、制造和应用模式发生重大变革，将大幅缩减新材料研发周期和研发成本，已经成为当前材料科学中不可或缺的一部分。从科技发展现状分析，美国、日本、欧盟等仍然是高端新材料的主导者，我国处于第二梯队前列。强化新材料科技自立自强，要打牢基础，从基础研究和前沿技术突破。

（2）强化“卡脖子”的信息材料、特种材料研究。与世界总体水平相比，我国新材料产业基本处于追赶阶段，产业整体基础薄弱，关键领域缺少核心技术，在电子信息等前沿领域，不少高端新材料仍要依赖国外。当前必须聚焦“卡脖子”技术，加快实现自主创新进程。如信息存储材料，新型半导体材料，电子信息用功能陶瓷材料，探测用人工晶体，电子信息用超高纯稀有、稀贵金属等金属材料，高纯试剂、光刻胶、特种电子气体、塑料封装材料等电子化工材料，电子信息用光学、材料、发光等稀土功能材料，锗酸铋等新一代高性能闪烁晶体材料、电子对抗器件、微波毫米波关键材料等。加快氮化镓、碳化硅等第三代半导体材料向高端、实用化升级。另外超临界电站汽轮机用高耐热合金先进装备基础零部件用轴承、齿轮和模具钢等特种材料也要尽早突破。

（3）扩大在复合材料领域的优势。我国在复合材料领域近年取得明显进展。特别是在超材料领域，从微波到红外与可见波段，超材料用于雷达隐身，使我国隐身飞机达到国际先进水平。在高性能纤维复合材料、新型轻合金等复合材料方面，我国民用、军用飞机、高速列车等都提升了技术性能。在高端装备、工程建筑等领域及大量民用领域，多种类、不同性能的复合材料达到较高技术性能。运用材料基因工程方法，复合材料会加速发展，以高性能满足高端需求，保持并增强先进优势。

（4）提升工程高端新材料创新水平。基于现有良好基础，依托我国工程建设、工程装备的发展平台和需求拉动，乘势而上，加快研制高强度钢、有色金属、高分子、无机等高端结构材料、功能材料，提升其高性能化、高功能化、绿色化、智能化水平；聚焦补短板、强弱项的紧迫要求，推进耐腐蚀、耐高温、抗冲击、反辐射等高端功能材料。我国碳纤维等高性能纤维材料进步很快，走在国际先进行列，接下来要与复合材料技术结合，在不断提升性能的过程中，拓展应用领域，扩大金属等材料替代。

（5）重点研发引领支撑绿色发展的先进材料。大力推进与绿色发展密切相关的新材料开发与应用，引领新材料向精细化、绿色化、节约化方向发展；鼓励发展新材料绿色化生产技术、环境友好材料；提升生物质能源转化用催化剂效能，注重发展人工光合作用材料、光伏电池材料、能源存储材料、先进碳材料、光伏材料、动力和储能电池材料，提升分离膜材料、智能材料性能，为环保技术升级提供支撑。

（6）加强材料前沿技术研究。新材料作为朝阳领域，新发现、新发明、新突破层出不穷。前沿技术研究开发十分活跃，要满足急需、突出重点。如考虑把富勒烯、碳纳米管、石墨烯等碳纳米材料作为发展重点，研究其替代硅基材料的技术路线，开发提升储能能力，扩大在能源领域的应用范围。我国多种超导材料研究取得先进成果，要继续在降低成本、推进应用上深度开发，发挥其在电力、电子领域应用的变革作用。在大功率激光材料方面，我国几乎与国际同步，应加强进一步研发升级和实用化。加强先进记忆合金、纳米金属材料、先进陶瓷材料、高端新晶体材料、先进特殊功能材料的研发应用。

通过体系化发展，取长补短，使我国在高端新材料领域的整体水平有显著提升，自主创新能力大幅提高，在自立自强上实现明显突破，为其他领域的技术升级和自主创新能力提升打牢基础，提供支撑。

第六章
营造一流人才发展生态环境

深入实施新时代人才强国战略，实质是科技教育和人才发展体制的一场深刻革命。改革的焦点是给人才松绑，破除束缚人才创新创造的体制障碍，革除长期阻碍干扰人才成长的积弊，真正营造一个有利于发扬学术民主、便于研究人才自由想象和探索、激发创新激情、竞相创造突破的人才发展良好生态环境。

要充分认识创新环境对人才成长和创新的关键作用。为什么一些富有成就的科技大师、文学艺术大家往往在某些地方是默默无闻，而转移到另一种环境后则脱颖而出？创新文化、学术氛围、管理体制、创新生态环境是创新人才成长的必备条件和最重要因素。正如一位科学大师曾经说过的那样，如果温度、湿度、土壤适宜，森林的蘑菇会一簇簇生长出来。另一个借喻的例子是生态对候鸟的聚集效应。在无人干扰的自然湿地，大量候鸟会从四面八方甚至遥远的异国他乡迁徙到这个地方来，聚集的种群越来越多。

我国人才发展和科技创新的最大短板是学术生态环境还不够理想，严重制约创新和人才成长的顽疾，久治不愈。特别是人才管理中的行政化和“官本位”，与科学研究和创新规律背道而驰，严重束缚了人才聪明才智的发挥，抑制了人才创新的激情，压制了人才脱颖而出。人才发展体制机制改革必须首先破除这些顽瘴痼疾，营造人才竞相创造创新、茁壮成长的良好生态环境，把我国巨大的人才潜能释放出来，转化成驱动国家制胜科技和人才强国的强大能量。

一、把握人才队伍建设的规律

人才强国，首先是建设一支世界一流的人才队伍，其核心和关键是建设高水平的国家战略科技力量。科技和人才发展有其自身客观规律。要牢牢把握时代机遇，顺应科学规律，抓住关键环节，优化人才发展环境，为深入实施新时代人才强国战略打下坚实基础。

1. 建设国家战略力量恰逢其时

（1）亟须打造人才红利新优势。改革开放之初，党中央一系列重大决策部署，焦点是通过出台一系列有效政策，打破旧的计划经济体制的僵化束缚，把各行各业干部群众的积极性、能动性调动起来，把巨大人力资源的潜在能量释放出来。各地在激发群众干事创业积极性的同时，在探索中国特色社会主义市场经济道路上，呈现出多种创造性。

几亿人的巨大能量，廉价的劳动力成本，形成了中国发展的巨大人口红利，凸显中国发展的比较优势。随着扩大开放，特别是加入世界贸易组织后，全球经济一体化的浪潮，使中国融入世界经济分工的大系统和全球经济发展大循环。虽然在全球价值链上，改革开放初期的中国处在多数产业的低端，但人口红利和巨大市场潜力，像巨大磁石，吸引着国外产业，特别是劳动密集型产业伴随着比较先进的技术装备向中国的大量转移。大量农村劳动力涌入城市，"农民工"这一新的职业群体，经过标准化的专业技术培训，加上中国人的勤劳智慧，很快掌握了先进生产线的操作技能。质优价廉的中国制造的工业品、消费品，大规模进入市场，并大批出口占领海外市场，不仅快速提升了中国人民的生活水平，也为世界各地的消费者提升生活质量做出了重要贡献。中国人收入水平的日益提高，导致劳动力成本也大幅上升。国内产业技术进步和不断升级，特别是以创新为主的高附加值的制造业和服务业的快速发展，低端劳动密集型产业向周边国家大量转移，国内的人口红利边际效应递减。并且随着生态文明建设和环境保护的严格约束，相对丰富的自然资源高消耗模式难以为继，原有传统要素驱动的发展模式，必须被创新驱动发展的新发展模式代替。

创新驱动实质是人才驱动和引领，未来几十年的发展，我国的比较优势在于必须形成巨大的人才红利。我们拥有世界最大的人才资源，具备了相对完整、先进的科研设施和制造体系，体制机制改革的深化，必将把亿万人才的创造力激发出来，汇聚成巨大的民族振兴的磅礴力量，释放引领驱动发展的人才红利，这是我们优于其他国家的新的比较优势。

（2）自立自强关键靠战略力量。几十年科技和人才发展历程表明，我国科技事业从一穷二白到自立于世界创新型国家之林，从引进消化吸收到自主创新，从跟跑到并跑、领跑，至今科技水平与发达国家基本处于一个层次，靠技术引进来满足供给已不可能。以美国为首的西方国家为遏制中国的崛起，一方面抹黑打压，一方面进行技术封锁，发动科技战，科技和人才国际竞争异常激烈。美国的做法倒逼中国科技发展必须走自立自强之路。中央提出建立国内循环为主、国内外双循环的发展新格局，实现科技发展的自立自强，这是我国科技发展的基本原则，但扩大国际科技合作与交流始终是我们的愿望。可以预期，未来几十年我国科技发展与美国将形成激烈、全面竞争的格局。占据发展竞争的主动权和制高点，关键在自立自强上走出彰显自我优势的新路子，核心在于人才发展的优势地位。在人才资源总量上我们领先，在高端人才数量水平上仍存在差距，处于追赶的状态。因此，深入实施新时代人才强国战略，关键是发展壮大国家战略科技力量，造就更多世界级的科技领军人才，机遇难得，时间紧迫，时不我待。

（3）万事俱备，只欠东风。中国科技发展已经站在与科技发达国家差距不大的平台上，我们与美国及其同伙的科技竞争主要聚焦在高端科技前沿，总体看中美正在形成“你中有我、我中有你、各有所长”的发展格局。在科研条件、科技投入、综合国力等诸多方面，我国与美国的实力差距逐步缩小，美国有当前仍整体领先的优势，但我们有更大的潜力、后发优势及赶超后劲。未来几年是我们从局部追赶到全面赶超的关键时期，美国的封锁打压会变本加厉，中国发奋后来居上的势能将与日俱增。中国人才的聪明才智、创新能力绝不逊于任何国家，无论美欧如何操控科技评价奖励的格局，中国科技发展跃居世界前列、创造世界一流成就的势头锐不可当。中国向科技和人才强国进军可以说是万事俱备、只欠东风，这个东风就是深化科技和人才管理体制改革与营造创新和人才发展良好生态环境。实施新时代人才强国战略，实质是科技教育和人才管理体制的一场深刻革命，就是要从根源上革除多年久治不愈的顽瘴痼疾，这一强劲东风，将使人才第一资源迸发巨大能量，驱动我国走向科技和人才强国的胜利。

2. 认识人才队伍的优势和短板

（1）总量大但结构欠佳。我国人才的总量、科技人员数量、全时制研究开发人员的数量、高等学校在校人数、年毕业人数等数量都位居世界第一位，但从几个方面分析，结构欠合理的问题仍然较突出，主要是国际重要学科和领域的领军人才、世界级的科学家占比较小，高水平的科技创新团队相对较少。登记的科技成果数量虽然多，但高水平原创性成果相对较少。在化学、农学、工程科学等传统为主的学科领域，我国国际有影响的人才数量排在前列，而在生命科学和医学、天文学、粒子物理、材料科学等新兴前沿学科领域，我国的国际领军型人才数量明显少于美国、欧盟、日本等国家和地区。再者，在人工智能、计算机科技等领域，我们发表论文的数量与美国的论文数量相差不大，但在算法等底层“技术”研究创新方面，我国的原创成果明显少于他们；在集成电路的设计和制造领域我们追赶得较快，但在底层架构、核心软件等方面仍是美国等国家处于垄断地位，日本在集成电路相关先进材料方面的领先依然对包括我国、韩国等在内的集成电路生产和使用大国形成技术垄断；我国是农业科技大国，在水稻、小麦、玉米等主产粮食育种技术方面处于世界领先行列，但在果蔬、畜禽等方面还难以摆脱对国外技术的依赖，甚至大豆还主要依靠进口。恰恰这些现存的短板，往往成为国外“卡脖子”技术的痛点、科技强国的薄弱环节，也是我们发奋攻克的重点。

（2）潜力大但束缚不小。我国不仅现有人才基数大、后备人才数量大、人才种类体系完整，最关键的是中国科技人才的聪明智慧、拼搏奉献精神和研究创新能力都为世界科技界所称赞。建设世界人才强国、重要人才中心和创新高地，关键是采取有效的人才培养使用机制，把人才的创新潜能和激情充分激发、释放出来，形成优秀人才脱颖而出、人才辈出、群星灿烂的人才发展格局，营造世界一流的高水平人才群体。现存的突出问题依然是体制机制的束缚，包括从幼教到高等教育再到博士的全过程按照人才成才规律的科学培养机制，从科研到技术开发、工程应用的各岗位人尽其才、才尽其有，鼓励探索创造创新的人才使用机制，都存在不同程度的障碍。

（3）进步大但差距不小。我国人才队伍建设发展的成就举世瞩目，数量上增长很快，每年高等院校毕业生千万人左右，科学论文高被引的科学家数量、专利申请人数量的年增长也较快，但从高端人才，特别是前沿学科领军人才的数量来看，我国与美国等发达国家仍有不少差距。如习近平总书记讲话中提到美国的三个重要人才指标，即获得诺贝尔奖的人数占世界的70%，获得的前沿重要科技成果占世界60%，高被引科学家数量占世界50%左右。我国在这三个方面还有不小的差距，要迎头赶超。

（4）声势大但落地难。党中央对人才工作历来高度重视，及时研究出台一系列政策，解决人才发展的问题、障碍，以调动广大人才的积极性。党中央的一系列决策部署，每次都得到广大人才的衷心拥护，习近平总书记的多次讲话令广大人才，特别是科技人才心潮澎湃、欢欣鼓舞，但往往落实落地困难重重、历经坎坷。例如，2021年中央经济工作会议部署的一个主要任务就是“确保科技政策有效落地”，可见落地之难令党中央痛下决心给予解决。落地难的原因很多，有认识问题，有体制障碍，有“左”的思想干扰，有官僚主义、形式主义作怪，究其深层原因，有些领导干部“官本位”意识作怪、对人才工作没从思想上真正重视。落实不利往往令广大人才忧心、冷心、灰心甚至伤心。其后果不但削减了政策效力，影响了党和政府的公信力，更挫伤了广大人才的积极性。因此，对新时代人才强国战略的贯彻落实是一项硬任务，关键在于“深水区”的人才管理体制改革必须到位。

3. 发挥领军人才的独特作用

千军易得，一将难求。1950年当钱学森开始争取回归祖国时，时任美国海军次长金布尔曾说：“钱学森无论走到哪里，都抵得上五个师的兵力。”在科学发展史上，牛顿、爱因斯坦、波尔等科学巨匠在科技创新中的作用和贡献众所周知。

纵观当今创新领军人才，主要有以下类型。一是某学科或领域的学术带头人，他们有超强的个人创造力。在科学发现和重大发明上有重大突破。在理论上有重大建树，开拓了学科的新领域，或创立了新的学科和分支。但这对其学术研究组织能力没有过高的要求，甚至有些学术带头人在此方面有短项，如爱因斯坦、居里夫人、陈景润等是典型代表。二是大科学的领军人物。他们既是学术的领军人物，自身有超强的科研能力和重大学术成就，更关键的是具有科研战略设计能力和高超的科研组织能力，带领一个团队完成重大科研使命。如我国的著名科学家钱学森、邓稼先、朱光亚等“两弹一星”元勋。还有 DNA 螺旋结构发现者克里克和沃森、欧洲强子对撞机的负责人丁肇中、人类基因组计划的带头人弗朗西斯等战略科学家。三是重大技术开发的领军人物，如各大公司的技术副总裁，其共同特点是，他们既有技术上的权威也更善于从宏观上把握技术发展趋势，长于从战略上正确设计、高效组织技术团队合作研发，实现重大技术产品的创新和开发。四是复合型、创新型的企业家，我们绝不可忽视这类领军人才的重要性。很多大的技术创新恰恰就是在他们的领导下取得的，他们其中有些人并不是科学家和技术专家，但是善于集中专家智慧，从宏观上做出正确的战略决断，更能通过搭建创新平台、营造出新环境，实施特殊政策，招揽聚集人才，特别是科技帅才。这些科技企业的优秀企业家更长于知人善用，充分发挥专家和各类人才的作用，通过高超的组织领导推动重大创新。值得注意的是，这些创新领军人才中许多人并非名牌大学毕业生，也非全是作为拔尖人才引进和重点培养的，他们在公平激烈的竞争中脱颖而出，在实践磨炼中成才，对推动重大创新具有不可代替的作用。

二、优化学术和人才发展环境

科技创新具有探索性强、自由度大、风险高等特点，人才作为创新的主体，科研创新质量和效率源自人才的创造激情、能动性、积极性和创造力。因此，创新和人才发展环境起着决定性作用。优化我国这一环境十分紧迫，任务艰巨。关键要坚持问题导向，聚焦影响人才发展环境的弊端，加大改革力度。

1. 为人才松绑关键在于去行政化

自由宽松的良好科研生态环境是聚才成才、创造创新的关键因素。人才从事科学发现、发明创造、创新及转化应用活动，有其自身独特的规律和特征，最突出的是它需要很强的主观能动性，好奇心驱使，创造创新欲望的冲动和激情的迸发，执着的追求，锲而不舍的坚守，“安、专、迷”般的钻研探求等，人才的成长和取得成功最关键的要素是适度自由且宽松的科研生态环境、浓厚的学术氛围，打造人才管理和科研的良好环境，形成浓郁的学术氛围。这样就能激励科技人才竞相迸发创新激情，激发优秀人才和高水平成果竞相涌现。当然也离不开需求牵引、必要的科研条件、团队精神及交流协同合作等保障。

这些年科技管理的行政化愈演愈烈，也是人才创新环境最突出的问题，是捆绑束缚科技人才的无影绳索，是压制优秀人才脱颖而出的无形之手。科技管理与行政管理存在截然不同的特点，而目前科研机构与政府部门管理同质化严重，官僚主义、形式主义严重干扰科研和学术工作。行政化主要体现在：

一是根子在上级党政管理部门，对用人主体的事务包揽过宽，手伸得过长，管得太细，搞得用人主体整天听命于上级，忙于应付多条线布置的各类任务，大大降低了管理的自主权。二是科研机构和大学等的管理部门与上级行政部门上下一般粗，效仿政府行政管理的方式，官僚主义严重，用管理行政人员的方式管理科技人才，用任用干部的方式选拔科研领军人才，干扰了学术民主，科学家要用很多时间和精力应付行政性事务。三是采用党政部门的方式，盲目跟从搞形式主义，以政治学习、政治活动等名义大量占用科技人才做学问、搞科研的宝贵时间，干扰了正常的科研工作。

当前人才管理体制改革，最重要也是最艰难的任务是去行政化。历史上打着讲政治的名号、用行政化方式束缚科技人才是名副其实的顽瘴痼疾。比如，为纠正 1958 年“反右”在知识分子中的扩大化和科研工作“大跃进”，1961 年中央关于《关于自然科学研究机构当前工作的十四条意见（草案）》（简称《科研十四条》）就强调，“科研机构的根本任务是提供科学成果、培养研究人才”“发扬敢想、敢说、敢干的精神，保持工作的严肃性严谨性严密性”“要保证科研人员有 5/6 的时间（平均每周不得少于 5 个工作日）搞研究工作。一般的政治运动、政治学习、党团工会活动、行政会议所占时间每周不超过一个工作日。业余时间应尽量让科研人员自己支配”。1977 年 8 月，邓小平主持召开科学和教育工作座谈会，强调“必须保证科技人员一周至少有六分之五的时间用于业务工作”。2021 年 5 月，习近平总书记在中国科协第十次代表大会和两院院士大会上发表重要讲话并强调，“1961 年中央就曾提出‘保证科技人员每周有 5 天时间搞科研工作’。保障时间就是保护创新能力！要建立让科技人员把主要精力放在科研上的保障机制，让科技人员把主要精力投入科技创新和研发活动。各类应景性、应酬性活动少一点科技人员参加，不会带来什么损失！决不能让科技人员把大量时间花在一些无谓的迎来送往活动上，花在不必要的评审评价活动上，花在形式主义、官僚主义的种种活动上！”认识到这一问题的危害性和顽固性，我们更应以刮骨疗毒的精神深化改革攻坚，久久为功，不去行政化不罢休。

坚决落实习近平总书记提出的向用人主体授权的硬性要求。“人才怎样用好，用人单位最有发言权。当务之急是要根据需要和实际向用人主体充分授权，真授、授到位。行政部门应该下放的权力都要下放，用人单位可以自己决定的事情都应该由用人单位决定，发挥用人主体在人才培养、引进、使用中的积极作用。”要不折不扣落实习近平总书记“给人才松绑”的指示精神，用人主体是去行政化改革的关键，把基层“最后一公里”改革改到位，坚决革除“肠梗堵”，“长期以来，一些部门和单位习惯把人才管住，许多政策措施还是着眼于管，而在服务、支持、激励等方面措施不多、方法不灵。要遵循人才成长规律和科研规律，进一步破除‘官本位’、行政化的传统思维，不能简单套用行政管理的办法对待科研工作，不能像管行政干部那样管科研人才。要完善人才管理制度，做到人才为本、信任人才、尊重人才、善待人才、包容人才。要赋予科学家更大技术路线决定权、更大经费支配权、更大资源调度权，放手让他们把才华和能量充分释放出来。”习近平总书记的指示已经无比明确、具体了，落实好是最大的政治，是加强基层党的领导和党组织建设的重中之重。用人主体必须不折不扣地履行落实，决不允许把权力滥用，不但要为人才彻底松绑，而且要提供好高效率高质量服务。确保六分之五的时间用于科研，心无旁骛、全神贯注从事学术研究、创造发明，浓厚“安、专、迷”的学术氛围。1985 年开启的科技体制改革，鲜明特点是“双放”，即“放活科研机构”“放活科技人员”。要抓住要害聚焦痛点，加大深层次改革力度，在更高水平上推进“双放”，真正确保科研机构人才管理主体地位和科技人员发明创造的主体地位，减少对科技活动的行政干预和人为干扰，增强科研机构和科技人才的自主权，把科技人才的积极性和创新活力充分释放出来。

2. 下狠心破除“官本位”观念

“官本位”源自中国封建社会的科举制度，“学而优则仕”“万般皆下品，唯有读书高”……“官本位”不仅残存于行政单位，在科技教育单位也渗透严重，是阻碍创新和优秀人才脱颖而出的陈规旧习。其主要表现为，用人主体以“官”为贵，往往有一些领导和管理人员不把为科研、育人和人才服务作为主责，不为广大人才排忧解难，而是高高在上，滥用职权，以管为主，甚至颐指气使乱干预、瞎指挥，不能具体情况具体分析，联系科技工作及本单位实际贯彻落实上级部署，而是热衷搞形式主义，粉饰政绩，或浪费科技人才大量宝贵时间和精力，或压抑挫伤科技人才积极性。再者，人才使用、选拔论资排辈，各种“清规戒律”束缚科技人员才华的发挥，埋没青年优秀俊才，甚至扼杀创新创造性思维。

有时政府部门出于好心，无形中按照旧的思维、不正确实施科技人员激励政策，往往是院士、教授等参照享受 ×× 级干部待遇。各地为引进人才也提出享受 ×× 级干部待遇的诱人政策。评定技术职称也往往与行政干部的级别挂钩。大学甚至中小学、科研机构也与政府的级别挂钩。这些做法虽然在初期对提高人才社会地位会起到积极的作用，但短期行为难以持续，负面效应的弊端日益显现。在许多科技发达国家，科学家、教授的社会地位，公众对科技教育职业的羡慕度，远远高于政府官员。可是在我们这个受几千年封建观念影响的国家里，“官本位”意识在学术界仍有较大的市场和影响。“官本位”其实就是等级观念，它与平等、公平竞争的创新文化格格不入，往往成为创新思想的障碍和创新激情的退化剂。因此必须下决心消除“官本位”意识对人才成长的侵蚀，按照科技创新内在规律正确有效激励人才。

破除“官本位”意识，就要改变以选官员的方式选拔创新人才的情况。对人才特别是领军人才不能要求其像干部那样素质全面过硬，要重其特长。不宜用考试、海推的办法选用，那样鉴别不出真正的创新人才，科研人才特别是学术人才往往埋头做业务，不善交往和平衡关系，靠群众投票测评则会埋没人才。

破除“官本位”意识，还要改变以学术权威主导模式选拔人才。不少开明的科学大家确实是识才荐才的伯乐，但这并非普遍真理。要重视听取一些老专家的意见，但不能靠学术权威来主导选拔创新人才，特别是优秀青年拔尖人才。包括采用专家委员会、学术委员会评审来决定晋升选拔人才的方式也值得商榷，比如有的专家曾取得优秀的学术成就，但科技创新速度、知识更新频度很快，他们对科学前沿的新知识新动向新观点并不十分了解，在评判创新人才的学术水平方面并不权威，有的专家甚至有“武大郎开店”的错误意识，夜郎自大，嫉贤妒能的行为也时有发生，有的以自己的学派、学术的观点为准，发表意见，亲疏有别，造成选人失去客观、公平。

破除“官本位”意识，“官”，即领导和管理部门要率先垂范，大幅减少错误的政策导向，少用一些权力影响、干扰正常的学术活动。把科技创新、人才评价、使用的自主权更多地下放到用人主体。

3. 扬弃陈旧文化负面影响

儒家思想是中国传统文化的重要组成部分，是人类文明宝库中的瑰宝。但也要看到封建思想糟粕，对创新扼杀的弊端，对创新人才培养和使用的负面影响。我国人才培养和使用中存在四个抹杀个性和创新的典型现象。一是培育人才中的“乖孩子”现象。从家庭到幼儿园，再到小学、中学、大学，家长和老师总是期待和教育孩子听话，做规规矩矩的乖孩子。这种培养方式往往使孩子的个性特长、创新精神从小受到扼制。二是选才时的“木桶短板”现象。创新人才往往在某方面表现十分突出，但在不少其他方面则是短处明显，往往是偏才、怪才。大学录取，就业录用不是择其长，而是关注其缺点弱项，往往求全责备，要求面面俱长，其结果是将一些创新人才拒之门外。三是用才时的“球磨机”现象。对于年轻人的“棱角”不是积极引导，而是倍加指责。各种“清规戒律”的用人导向，把人才的个性和创新精神一起磨损了。四是对待人才的“出头椽子先烂”现象。一旦取得成就甚至刚露头角，或容易遭到冷嘲热讽、挑剔指责、左右刁难，或容易被各种荣誉和频繁的社会活动捧杀，从此再难以静心做学问。观念上的偏差往往是好心办坏事，太重道德约束实质是旧的观念束缚，而忽视创新精神的培育、呵护和鼓励。培养使用人才完全按照单一标准过分强调共性和一致性，就像工厂依照统一模式标准生产的产品一样，忽视了人才的个性和独立性的培养、发挥，而这往往成就不了创新人才。

4. 纠正“唯帽子”“图面子”的乱象

荣誉是激励创新创造、褒奖学术成就的有效手段，一旦滥用，就会事与愿违，造成学术界的乱象丛生，贻误人才，干扰创新，甚至助长浮躁、投机行为。“帽子”满天飞、为挣“帽子”和“面子”弄虚作假等弊病，已成为我国人才发展必须整治的紧迫问题。

当前学术界存在的一些不正之风，应当从多方面着手根治。

如受功利主义影响，自身很浮躁的现象。科技创新需要专心、专业、悉心探索，应该耐得住寂寞、清苦，踏踏实实做学问。一项科技创新成果的取得，往往经历大量的演算、观察、试验，往往需要经历无数次的挫折失败，有的一年甚至更长的时间难以取得突破。因此科技创新必须具备默默耕耘、百折不挠、锲而不舍的精神，有“板凳甘坐十年冷”的心态。然而，近年来社会上的浮躁之风也严重影响科技界，名利思想作怪，追求“短平快”、一人多头申请课题、一个成果拆分几块发表论文、为在 SCI 期刊上发表论文花钱雇人代写、不惜重金在期刊发表、评价结论中充斥浮夸的不实之词、片面追求成果数量而高水平创新成果少等现象比比皆是。

目前科技人员中存在一些违背科学道德的行为，破坏了创新的文化氛围，必须要标本兼治。究其原因，是一些人名利熏心，投机取巧，表现为剽窃别人的成果。利用自己的地位和头衔，滥挂名甚至盗名，引用数据不实甚至造假；成果变相造假欺骗，有些成果改头换面后重复申报；利用假成果、伪科学招摇撞骗等。这些违背科学诚信行为的事件偶有发生，表明存在着有助其发生、泛滥的社会土壤。虽是个别现象，但会严重影响良好的创新氛围和社会形象。

这里有科技人员自身道德修养问题，也有外因的推波助澜、引诱误导。如，申报项目、奖励、基地挂名等都设置前提条件，逼着申报单位和个人想方设法去“捞帽子”、争荣誉。再者，相关部门为了自身利益和威望，设置了各种不同的名堂和“帽子”，造成“帽子”有增无减满天飞。各地政府重视科技和人才本是好事，但不能为了政绩滥挖人才，甚至搞挖取人才的不当竞争。挖人并非看真才实学，主要看“帽子”，用来装门面、粉饰政绩。有的顶着院士、杰青等头衔，几个地方挂名、取酬而不作为。

5. 摈弃人情文化的侵蚀

中国文化的一个显著特点是人情社会。古往今来，中国社会注重家庭、家族式的关系，讲究人情为上，注重礼尚往来，重视人际关系，正面效应是促进了社会和谐和团结友爱风尚的形成。然而，在市场经济和法治社会的条件下，以“关系”代替“契约”,“熟人”的“情感”代替了规则，很容易使得社会正义和公平的天平在“人情”中发生倾斜，公平竞争的机制受到挑战。在科技评价中，人情和人际关系破坏公正客观的评价和学术诚信，甚至导致不正之风和学术腐败。为什么几十年来我国学术评价多次改革却积弊难除？为何现在的“四唯”导致错误评价导向？为什么国际成功实施的同行评价机制在中国多数失灵，甚至由于没有评价识别人才的科学机制导致人才发展和科技创新遭受严重阻碍？

究其根源，人情社会是造成科技评价扭曲的主要祸根。国外评审管理制度建立了评审专家和申报人背对背的机制，匿名审评制度，确保“盲评”的客观公正，一旦违规，科研诚信制度将其计入失信黑名单，违规者也将自毁前程，付出惨重代价。而我国的同行评价开展得不理想，一个原因是人情和关系文化作祟，失去客观公正性；另一个原因是没有建立权威的学术诚信制度，特别是失信惩戒制度，因违规成本低没有起到震慑作用。

我国人才评价体系的改革，主要方向是提高评价的客观公正性，这就必须摈弃人情世俗的干扰，强化评价诚信建设，严格违规惩戒，形成不敢舞弊作假、不能舞弊作假的刚性约束机制，一旦违规代价惨痛、终身追责、身败名裂。再者，要研究运用机器智能评价机制，设计好相关指标体系，作为评价的技术辅助系统。通过制度约束和技术保障，堵死人情关系“后门”，筑牢营私舞弊的“防火墙”，严防和纠正学术和人才评价的种种弊端，保持学术和人才评价的朗朗晴空。

6. 使鼓励创新的文化氛围更加浓厚

创新文化是创新成功的土壤和气候。创新文化本质是个性文化、民主文化和诚信文化，创新出自超凡脱俗的气质、敢为人先的勇气、学术标新立异的思维、学术批评的氛围、锲而不舍的执着。这需要与之适应的创新文化环境。我们应当反思一下，为何中华儿女富有创造能力，但中华民族近年来却缺乏科技大师和创新帅才？为何一些人在国内学习或工作时十分平凡，经过国外的学习和锻炼，就能成长为出类拔萃的创新人才？这说明我们创新文化氛围的稀薄，一些观念和做法客观上抑制约束了创造创新。

我们营造创新文化环境，就是要配合制度创新革除那些弊端。大力弘扬尊重个性、发挥特长、激励探索、提倡冒尖、宽容失败、敢为人先的创新文化。大力倡导学术民主，坚持学术面前人人平等、公平竞争。倡导尊重有真才实学的创新人才，不盲目推崇迷信权威。鼓励各类青年创新人才大胆探索、独辟蹊径。同时注重加强科学道德和诚信建设，净化学术风气，力戒浮躁，清除学术腐败。努力形成尊重知识、尊重人才、崇尚创新、激励创新的社会氛围。

创新精神是创新文化的核心。要摒弃急功近利的浮躁心态，树立锲而不舍的拼搏精神；摈弃技不如人的自卑心态，树立敢于超越的民族自信；摈弃拿来主义的依附心态，树立自立自强创新精神。要重视关心青年人才等“小人物”，热情鼓励他们的奇思妙想，给他们搭建平台，赋予他们平等的机会，助推他们脱颖而出。要大力推崇包容失误、容忍失败的文化氛围，在挫折中探索突破，甘心寂寞清苦，不惜付出代价，创造颠覆性创新成果，开辟新的学术领域，攀登科学高峰，迈向科学前沿。

7. 坚持正确价值导向和思想引领

创新需要宽松的学术环境，更需要正确的价值导向。科学家精神是宝贵的精神财富，必须在新时代发扬光大。古今中外成功的科学家大多是道德修养和精神风范的楷模。一是要有造福人民、热爱祖国并报效祖国的宏伟抱负和为科技事业献身的崇高精神，而不是追求名利、自私自利、丧失人格。在中华人民共和国成立初期，我国许多科学家放弃国外优越的工作生活条件和优厚待遇，毅然回到贫穷落后的祖国，用智慧和才华为振兴祖国做出了杰出贡献，赢得了人民爱戴。也有一些人智商不低，但名利思想太重，所以难产出大的创新成果。二是要有勇于创新的精神，正如马克思所说，“在科学上没有平坦的大道，只有不为劳苦，沿着陡峭山路攀登的人，才有希望达到光辉的顶点。”在我国的科技人才中不缺乏创新的能力，但缺乏创新的勇气和魄力。一旦别人领先了，就只想引进而不愿意自主创新，一旦技术复杂艰巨，就不敢自主创新。要不怕权威，不怕暂时落后，不怕挫折失败，要有攻坚克难、勇于超越的雄心壮志；要有“会当凌绝顶，一览众山小”的气概。三是要有锲而不舍的毅力，虽然有时创新思维灵光一现，但这实质上是厚积薄发，因此创新必须专心致志，潜心研究，艰难探索，不是唾手而得；研究开发要讲究效率，但一定要耐得住寂寞，挺得住清苦，要脚踏实地，刻苦认真，不能心浮气躁，怕苦怕难，投机取巧。四是要有诚信求实的道德，尊重客观实际，不弄虚作假，敢于坦诚直言，尊重别人的创造和知识产权。

三、改革提升人才发展事业平台

人才高质量发展，离不开高水平的学术和创新平台。它包括先进配套的科研设施、教学设施、图书资料、高水平的学术团队等，以及最关键的优良的创新和人才发展生态环境。高水平的大学、科研机构、高科技企业等都是支撑人才尽情发挥其智慧才华、创造先进研究成果及其他奇迹的高水平平台。

1. 建设世界一流高水平科研型大学

培养世界领先的科学家、领军人才和科研团队，创造世界领跑的科技成果必须拥有一流大学。如前文所介绍，美国作为当今世界人才中心和创新高地，关键是拥有大批世界领先的高水平大学。在美国，获得诺贝尔奖的总数占世界比重的70%，这其中的80%是大学的教授和研究员，仅美国哈佛大学产生诺贝尔奖获得者超过 160 人次。大学的学科设置较齐全，科技创新链较完整，在基础研究上有明显优势，对于国家重大战略研究是重要的承担者，是前沿技术的开拓者、高科技产业的孵化器，更是国家战略科技力量和领军人才的主要培养基地。

我国正在紧锣密鼓的建设世界一流大学，已取得进展，为人才强国建设打下了良好基础。习近平总书记为研究型大学发展指出明确方向："高水平研究型大学要把发展科技第一生产力、培养人才第一资源、增强创新第一动力更好结合起来，发挥基础研究深厚、学科交叉融合的优势，成为基础研究的主力军和重大科技突破的生力军"。"要强化研究型大学建设同国家战略目标、战略任务的对接，加强基础前沿探索和关键技术突破，努力构建中国特色、中国风格、中国气派的学科体系、学术体系、话语体系，为培养更多杰出人才作出贡献。"应当讲，大学肩负着建设人才强国的重大责任。近年来，我国大学有了长足发展，招生规模成倍扩大，基础建设和科研教学设备现代化水平较高。但是，大学存在的突出问题仍是缺少高水平的大师和科技领军人才，人才培养和成长环境欠优，特别是行政化"官本位"的弊病削弱了高水平人才的吸引力和凝聚力，影响了高水平青年创新人才的培养质量。

因此，大学要抓住实施新时代人才强国战略的宝贵时机，深化教育科研和人才培养使用体制机制改革，加大去行政化力度，在优化学术和人才培养使用环境建设上取得突破。要在"双一流"大学中优先一批率先试点，作为改革特区，深化以科教融合为重点的体制改革，赋予更多人才发展综合改革和管理创新探索自主权，特别是在去行政化方面鼓励大胆探索新路子、新管理模式。要在一些政策上给予倾斜支持，大幅增加试点单位的科研编制，赋予其准予科技领军人才牵头建立研发平台、实行扁平化管理的自主权，增大其引进海内外尖子人才，招收博士、博士后的自主权和指标。在建立“四个机制”（人才培养、使用、激励、评价机制）上赋予其更大的改革探索自主权，鼓励解放思想先行先试。加大国家实验室和重大项目的倾斜支持，把中国科学院所属三所大学（中国科学技术大学、中国科学院大学、上海科技大学）列入科教融合的改革试点，推进相关研究院所与大学的院系更深入的体制融合，强化高水平战略人才培养功能，增加博士招收名额，打造成国际一流研究型大学。支持具备条件的民营大学，如将西湖大学纳入人才特区试点范围，发挥其包袱轻、机制活的特点，大胆探路试错。各试点大学应在深化改革中率先形成凝聚世界一流科学家的人才和创新高地，积累经验、做出示范。

必须急国家所急，坚持普惠高等教育和精英人才教育双轨推进，加大对“双一流”大学进一步支持的强度，加大精英人才培养力度，以自主培养为主，用 10 年左右的时间，补齐前沿高水平科技人才的短板。一是先聚焦优势学科的培育壮大，在经费和政策上倾斜支持，赋予其岗位聘任、招生、教学科研等更多自主权，加快打造一批科研实力和成才环境世界一流的优势前沿学科和高端创新性人才培养平台。二是突出研究生教育，优化研究生特别是博士生结构，依据“四个面向”优化专业和课程设置，密切科研与教学的联系、互动和融合，创新教学方式，注重学生创新思维、独立动手能力培养；增大名家名师学术讲座、学术论坛交流比例，鼓励开展学术研讨式的互动教学，扩大学生国际视野和知识面，让其及早参与高水平科研活动。三是运用校内外科研平台及资源促进大学科研教学，扩大国家实验室、重点实验室、企业实验室对研究生的开放，为研究生广泛参与科研和生产实习提供便利。四是加强中小学生的科学教育，系统推进科学思想、科学精神、科学思维、科学方法的教育，激励引导少年儿童从小树立爱科学、立志当科学家的理想抱负。支持中国科协与教育部联合推进面向中学的“英才计划”“明天小小科学家”活动，为后备人才苗子的培养及早储备资源。

目前，我国一批高水平大学的国际影响力逐年提升，全球大学排名和“高被引”科学家人数等指标显著提升，加大深化改革和营造优良人才发展环境力度，跻身世界一流大学指日可待。

2. 在改革中聚焦国家研究机构作为国家战略力量基地的职能

设立中国科学院、科研机构是我国科技体制的一大特色。中国科学院在基础研究、战略高技术研究、重大社会公益研究、技术研发和转化等方面，有着较为完整、系统的布局，科研设备相对先进，大科学装置等设施世界一流，是国家战略科技力量的密集地。正因为大而全，与大学及其他研究机构的重叠交叉较多，中国科学院不同院所之间也有业务交叉，进一步优化机构设置，凸显国际战略力量主基地职能势在必行。20 世纪 90 年代，中国科学院“一院两制”调整分流改革、知识创新工程实施都积累了有益经验，具备较好的深化改革基础。要借深入实施新时代人才强国战略的东风，与国家实验室建设统筹协调，推进中国科学院的深化改革，优化组织机构设置和科研人才队伍，进一步改革科研和人才管理制度，转变和优化运行机制，加大去行政化力度，扩大多方面综合改革的自主权，努力在更多学科领域跻身世界一流，成为聚集世界高水平人才的主要基地。

国家实验室的建设刚起步不久，要按照国家使命、参照国际先进经验，从头建立符合当代科技发展规律和人才发展特点的管理体制和机制，要把防治行政化等体制机制弊端作为改革和建设的重点，为人才特区赋予更大的改革探索自主权。要率先进行科技经费拨款机制的改革，因为它们主要承担的是重大基础研究、国家战略科研任务，大幅减少申请竞争性项目比例，主要采用财政预算拨款方式，在预算编制、资金分配调剂、科研评价考核等方面充分授予其更大的自主权，在职称评审和技术职务晋升、内部机构设置方面放权到实验室，在流动编制名额方面赋予其更大的灵活自主性，在人才进出方面给予其更大的弹性。不但强调出人才、出成果，更要发挥其为改革探路示范、提供经验的作用。

科研机构是高质量履行业务职能的科技支撑和决策辅助支撑，要从机制上推进其科研与主体业务深度融合。研究经费的预算、支配权应该更多授予业务部门，国家科技部门放权后，重点聚焦部门科技预算的技术初核、科研任务管理和绩效评估。各部门要以所属科研机构为平台，推进与大学、中国科学院的多渠道合作，应用全国优势科技人才资源加快部门行业科技进步水平。

3. 强化战略性企业承担国家重点战略科技任务的主力军作用

我国中央管理的大型国有科技型企业是行业科技创新和进步的龙头，更是承担国家战略科技创新的主要力量。特别是航天、航空、船舶、电子、兵器等领域的中央企业，科技和人才密集，战略领军人才云集，中青年科技人才奋斗在一线担当重任。另一优势是其创新链与产业链的深度融合，产学研的密切结合，研究开发与装备制造和运营的有机衔接，军民科技创新深度融合。在中央企业实施人才特区改革试点很有价值，但又要结合企业的发展需求，注重特色。如既要遵循企业主体管理的原则，又要突出科技人才管理特色；企业有效益考核标准，但对科研单位又不能与生产和市场部门同质化、一刀切，必须突出科技创新的特点，建立创新和人才的考评体系；从事科研的人员与一线的工程师要有体现工作特点的考评体系；科技创新主要以国家目标和任务为导向，但也要鼓励少数科学家静心埋头从事基础研究探索工作；既要注重发挥拔尖和领军人才作用，发挥特长、张扬个性，更要发挥团队作用，形成创新合力；既要对人才流动有限制（例如因保密原因），又要在内部搞活人才；等等。总之，各种企业情况不同，要赋予他们在人才使用、培养、评价、报酬、奖励方面更多的自主权，把优秀人才留住，让更多拔尖和领军人才脱颖而出，发挥人才引领国家战略任务高质量发展的作用，提高国家战略领域的国际竞争力。

4. 发挥创新团队和平台的系统功能

当今的创新已经成为系统过程，创新传递的作用至关重要。创新领军人才无疑起着核心作用，但它需要优秀的创新团队协作配合，这主要由当今技术创新特点所决定。当今技术的系统性增强涉及多学科、多领域研究开发，覆盖从基础研究、应用研究、技术开发、产品设计、工业工艺设计、产品测试、售后服务等复杂过程。在激烈的市场竞争中，研发的速度、效率成为制胜关键。因此，由相关学科专业和不同技术层次人员组成的创新团队起着整体大于部分之和的效果。团队的组合是有层次的，有的是金字塔式的结构，有的是扁平网络结构，创新人才的特长和功能相互补充。团队中，帅才的组织领导才能、负责各个部分的将才都十分关键，除此之外，还需要大量实际动手操作的力量。另外，还需要有想象力、专业能力强的各种技术人才，包括高水平的技师、试验员、程序员等。团队的引进组建，要充分对领军人才授权，发挥其主观能动性，同时必须建立凝聚团队的创新文化，既要形成百花齐放、人尽其才、相互激励、相互启迪的学术氛围，又要保持清晰的结构和分工，形成优势互补的集成效应，充分发挥系统的整体功能以使其最优。人才的团队意识、团结合作精神，交流沟通的技巧等都是所具备的基本素质。当前科技发展的主要趋势是学科交叉综合、跨界融合，大科学工程逐步增多，网络化的合作研究成为常态，研究团队的建设与管理十分重要。特别是国家战略力量，更需要加强团队平台建设和科学高效管理，把研究开发，尤其是用人的自主权更多赋予团队，以便提高整体创新效能。

5. 发挥新科技组织战略力量生力军作用

近年来，新科技组织，包括非企业新研发机构、以自主研发为基础的科技型企业、大型民营企业的研发机构、大学和科研机构等新机制运营的科研组织等，全国已超过万家。他们多是以海外归来科技精英或体制内科研机构的领军人才牵头或参与创办的，自主性强，机制灵活，创新活力强。在前沿、高端科技领域集聚大批优秀中青年研发人才，成为自立自强的有生力量，是“专精特新”企业的主力。不少新科技组织承担着国家战略科技创新任务，往往是某些前沿和高端领域的翘楚。如深圳光启高等理工研究院，是我国隐形材料的主要研制和供应商；华为聚集了几万名高水平科研人才，大多是信息科技前沿领域和基础研究的青年才俊，5G 通信技术全球领先，目前在车联网、智能汽车电子等方面的研究依然领跑世界；中芯国际是芯片制造领域的龙头企业，在打破芯片“卡脖子”技术、满足国内高端芯片需求方面进步迅速；阿里巴巴的达摩研究院、百度、科大讯飞在人工智能研究开发方面处于国际前列；奇安信、360 等在网络安全防护技术上独树一帜；在大数据和云计算技术方面，我国多个科技企业具有很强的国际竞争力；北京石墨烯研究院的研究开发跃居世界前沿；北京边缘计算和区块链研究院在区块链和边缘计算技术创新领域取得世界一流成果；广东松山湖材料实验室是自主运营的新研发组织，聚集大批一流中青年研发人才，在新材料科技领域取得大批原创性成果；华大基因等一批民营生物技术产业，其研发生产的装备和产品为我国及国际抗击新冠肺炎做出了积极贡献……

从美国作为当今世界科技和人才中心的经验剖析，基础和前沿研究人才主要集中在大学（国家实验室现多数由大学管理），而高端技术研发人才主要集中在科技企业，特别是处于硅谷、波士顿创新密集区的科创企业。

新科技组织代表着我国在前沿高端技术领域跻身世界先进行列、打破西方封锁垄断的希望，是自立自强科技创新的有生力量，同时，也是吸引聚集国际一流科技人才创新创业的平台，应充分重视并积极发挥其重要作用。鼓励支持海外归国留学人员、体制内科技人才创办新兴科技机构，赋予其更大自主权、业务自由度。

应当清醒认识到，新科技组织的发展还处于初期阶段，小而散、"烟囱"和"孤岛"现象仍较突出，社会发展环境还有待优化，政府政策的支持力度尚需加大。要在深化改革不断改善和优化新科技组织的创新发展环境中，打造国家应用战略科技力量发展的新赛道。加强政策支持引导和服务，在技术职称评聘、科技项目申请竞争、实验室等科研平台投资、国家奖励申评、院士评审等方面，与国有机构一视同仁。

四、完善人才发展社会生态

社会创新生态与人才发展管理环境是一个有机系统，内外相连、相互影响、相得益彰。社会创新生态是人才强国建设必备的要件，科技发达国家在此有成功实践和先进经验，我国在此方面已取得重要进展，但在发展完善过程中，还有不少环节需要改进强化。

1. 改进完善宏观管理体系

强化中央人才领导小组的统筹协调推进职能。加强党的领导是深入实施新时代人才强国战略的最大政治优势和根本保证。这项工作改革任务重、涉及部门多，建议列入中央深化改革委工作重点加强指导。中央人才领导小组在系统运筹、强化指导的同时，应注重问题和目标导向，加强对各部门分工落实的督察、考核和问责，强化部门及地方政策协调，确保部门配套政策同向聚焦发力，依照进度时间表和路线图，加大协同推进落实力度，确保习近平总书记指示和中央决策部署落地见效。

相关政府部门要加大向人才主体下放权力、授权到位工作。要从创新的直接操作转变为创新环境营造者，规则制定与执法者，协调与服务者。通过政府投资和计划发挥市场机制和竞争机制作用。组织研究开发基础技术、创新风险较大的研究开发活动，为企业的创新提供技术源泉，同时加大对共用的科研设备信息的供给，促进产学研的联合开发和科技成果的转化与产业化的社会创新平台。

强化全国政协对落实实效的民主监督。认真落实习近平总书记“紧紧围绕大局，瞄准抓重点、补短板、强弱项的重要问题，深入协商集中议政，强化监督助推落实”的指示精神，硬化全国政协在实施新时代人才强国战略中的民主监督和协商功能，强化权威性。政协科技人才荟萃密集，在民主监督新时代人才强国战略实施中具有独特优势、大有可为。把建立委员平时监督网络和组织专项监督活动相结合，强化监督情况的科学系统评估，运用监督成果强化与相关部门的协商。

2. 健全科学客观的评价体系

评价体系包括对人才的评价，对其研究项目，包括设想的评价，对其创新成果的评价等。客观来讲，评价是一个难题。这些年来，我国对评价体系进行了一系列改革，取得了一定成效，但仍不尽如人意。建立科学客观的创新评价体系，重点应抓住以下几个问题：

（1）减少政府对项目评价的直接干预。政策导向对人才评价体系和创新人才成长有着重要的影响。要大幅减少政府对人才评价的直接干预，大幅下放和减少科技项目立项权。目前在科研立项和资助方面，竞争项目资助过多，有些重要科研领域应当对科研基地和团队给予稳定的支持。具体科研方向和题目的确定，应当赋予其更多的自主权，而不是政府部门过多干预。即便是通过竞争方式申报立项，评价方式也需要改进。让真正富有创新的研究，特别是一些不知名的科技人员不被扼杀或埋没。对成果的评价，不能机械地提出“一刀切”的要求，如要求在国际上发表或被引用的论文数量。“一刀切”的要求会引导一些人滥竽充数，一篇文章变换成几篇发表，甚至有花高价求发表的，造成成果严重贬值和学术浮躁。还有因为科技经济部门缺乏协调，致使一些科技创新活动学用结合不好，科技与产业脱节，难以应用和产业化，等等。

（2）把职称评定权真正下放到用人主体。国家只提出指导原则，不搞统管全国的标准和指标限制，把权限下放到用人主体自行决定，从根源上破除“四唯”。

（3）强化评价的诚信制度。存在一些评价者和被评价者缺乏诚信，是当前评价公正客观性欠缺的主要问题。对于被评价者，无论是研究课题立项还是成果评定，往往夸大其词。在与世界同类研究比较时往往以己之长比别人之短，或抓住枝叶细节加以夸大。对于评价者，往往没有认真审阅、研究评价材料，有的问题甚至似懂非懂，主观推测大于客观判断，有的甚至不负责任，将评价者起草的评价意见略加修改变成评语的。更有甚者，各种庸俗的人际关系夹杂于评价之中，托关系拉近乎，甚至请客送礼。关键的问题还是在于管理。对于那些不诚信、不认真者，没有严厉的处罚措施，刚性约束不够。没有建立奖惩制度，才是导致评价不公屡改却见效不大的原因。

（4）改进评价方法。研究立项的评价变得越来越难，传统的办法往往使许多创新的思维和有望获得重要突破的研究，在评价过程中被淘汰扼杀。比如有的课题是思维或理论方法的重大创新，也许是对现有理论体系的革命性、颠覆式突破。这样的研究在立项评价时被否定的概率很高。还有一些新颖的构思超出了现有的知识结构，结果往往使不少评价者自己看不明白，通过的可能性微乎其微。正像有些科学家所言，目前申报的研究都是一看就熟悉、明白的项目，这样的研究怎么能产生大的创新成果呢？又怎么能出现颠覆式的创新呢？在成果评价中，评价方法陈旧、单一、模式化、浅薄的问题仍有待解决。

（5）规范对创新人才的评价。目前科技界对此共识较多，国外的实践确实不错，但是我国却遇到了许多难题。做好这一工作，要设计好谁来评价、评价有哪些指标、怎样评价、如何对评价结果应用的问题。借鉴国外成功的做法，应当分为对创新基地、团队的稳定资金支持和公平竞争经费两种渠道。对于创新基地，既要评价领军人才，也要评价其创新团队，兼顾其研究方向和成效。对他们充分授权、信任，给予稳定的财政支持，以有利于其在更宽松的环境中迸发创新激情，保持创新的延续性，再者要不断完善同行评价机制，强化违规失信的惩治，使对创新人才的评价在我国发挥作用。特别要重视对创新型科技人才的科学公正评价。很多新思想、新观点、新学说，重大创新和建树往往来自小字辈、不知名的小人物，许多科学巨匠和专业大师也都是从小人物成长起来的。

（6）持续深化评价管理改革。目前的评价仍是以政府官员为主导，政府如何修订好评价体系的规则，集中专家智慧，吸取国外先进经验，制定好评价的科学体系，选择好评价机构和专家，监督好规则的执行，有效地对评价行为进行制约惩罚，用好评价结果支持激励人才上进？要探索诚信体系下的同行评价与机器大数据智能评价的有机结合、相互佐证、互补，真正发挥引导激励创新的指挥棒作用。政府不能包揽一切，伸手过长、管得过细。

3. 完善社会创新生态链

创新是从新思路萌发、科学研究、技术开发、中间试验到生产应用、市场营销和服务的整个链条，也是一个社会生态系统。这是一个集聚各类创新资源，形成创新链，有利于创新成果产出和扩散的有机系统。服务的创新链，产业链，人才培养系统，政策体系，资本体系，市场环境，法律环境，文化环境，政府服务系统的基本特征是，各子系统及要素间的相互关联和互动，具有高度的开放性和高积聚性，具有强制力和高效率，具有创新要素的流动和扩散性，具有创新活动的公平有序竞争。对于创新人才系统而言要能像湿地吸引候鸟一样，集聚国内外优秀人才，如雨后春笋般产出创新成果，如热带雨林般形成产业集群。占据战略制高点形成竞争势能高地，增强吸引凝聚力、活力、动力、创造力、辐射力、高产率和竞争力。

创新生态链关键是建立健全各类人才易于流动、便于合作交流的网络。国外已有成功的例子，比如，美国的硅谷、围绕麻省理工学院的新剑桥创新密集区。学校教授、研究人员不仅可以到企业兼职，也可以离岗创办科创型企业，还可以与企业开展多种形式的合作，同时，反向流动的渠道也比较畅通。这符合当今科技发展规律，特别是创新链与产业链的融合日益紧密，建立健全社会创新生态链有利于促进这种融合，也有利于促进人才的全面发展和整体创新力、竞争力的提升。

4. 优化激励保护创新的政策法规环境

创新需要信念的牵引、兴趣的驱动、激情的冲动，激励机制在激发创新激情、增添创新活力中起着重要作用。对于科技人才而言，对他们创新工作最大的激励是创新价值得到社会的充分承认，创新成果得到应有的荣誉和地位、物质的回报。改革开放 40 多年来，党和国家鼓励、激励创新的一系列政策措施，激发了科技人才创新的热情，初步形成了尊重知识、尊重人才、尊重创新的社会氛围。科技人才的社会地位和待遇空前提高，加速了我国的科技创新和进步，取得众多举世瞩目的成果。毫无疑问，必须继续坚持完善。特别是要抓住实施新时代人才强国战略的机遇，全面审视梳理相关人才政策，发挥其正确导向、激励、规范创新创造活动的作用。

政府奖励是激励创新的重要手段，在我国起到积极的促进作用，但是要注意集体效应递减现象，奖励的内容、方式、年龄都是重要的导向手段。这里仅举一个年龄问题。我国设立国家最高科技奖，赢得了科技界的一致赞同，起到了很好的激励作用。但是 10 多年来获奖者年龄偏大的问题，应当给予高度重视。据说，谋划设立国家最高科技奖时，奖励对象是一线做出突出科技成就的杰出科学家，因此，在此之前，国家对参与“两弹一星”的功勋科学家进行专门奖励。如今获得国家最高科技奖的科学家德高望重，堪称科学泰斗，可是他们的平均年龄都超过了 80 岁。除了王选院士获奖时是 64 岁，少数是 70 多岁，大多数获奖者超过了 80 岁，甚至接近 90 岁。比较一下诺贝尔奖，诺贝尔物理学奖、化学奖、生理和医学奖获得者的平均年龄分别为 50.2 岁、50.8 岁、50.9 岁。最年轻的获奖者——英国物理学家劳伦斯·布拉格，1915 年与他父亲一起获得诺贝尔物理学奖时仅 25 岁。因此，建议应该将国家科技大奖向年富力强的杰出科学家倾斜，以发挥激励创新创造的更大效能。

完善的法治环境是推进自主创新的有效保障，要把行之有效的政府政策上升为国家法律，用法律的形式明确全社会推进自主创新的责任义务，更重要的是要不断完善知识产权保护的法律制度，特别是抓好知识产权保护的法律实施、严格执法，严厉依法打击惩治侵犯知识产权的行为，绝不能容忍搞地区保护主义，给剽窃知识产权者以可乘之机，提高全社会的知识产权意识。真正发挥法治在激励自主创新，保护自主创新上的重要作用。应进一步加强《中华人民共和国促进科技成果转化法》的实施，使知识分配和激励更有效激发创新、转化应用的积极性。通过政府与各界共同努力，不断完善促进科技创新和应用的法律环境。

五、畅通国际合作交流渠道

聚天下人才而用之，必须进一步面向世界开放。要充分利用全球创新资源提升自主创新能力，加快科技自立自强的步伐。要善于把握当前国际科技合作交流的新特点、新挑战，采取有效对策，充分利用我国创新发展的综合优势，亟须扩大新时代多种形式、多种渠道的科技合作交流。要采取灵活形式，积极引进海外优秀科技人才，特别注重引进优秀创新领军人才和团队。

（1）适应新形势扩大科技合作交流。要设立由我国科学家牵头的国际科技计划。在全球气候变化、提高人类健康水平、自然灾害防治、和平利用太空等多个领域开展国际合作，掌握国际科技合作的主导权和话语权。进一步扩大国家科技计划对外开放的范围。除特殊需要外，国家重点科技发展计划、自然科学基金等，都应积极开展对外科技合作与交流。扩大科研机构、高等院校、国家相关实验室等对外科技合作与交流。积极促进企业开展多种形式的对外科技合作交流，扩大国家高新区科技企业孵化器等对外合作与交流。积极促进学术团体、民间科技组织与国外科技组织的合作与交流。加大社会公益领域关键技术的合作研发。促进建立中外研究机构和联合实验室，扩大合作的范围。积极参与国际大科学计划和大科学工程。

（2）畅通国际高端人才来华工作和交流渠道。以美国为首的一些西方国家，设置政治、政策人为障碍，阻挠海外华人和外籍科学家来华工作或学术交流合作。要作为我国外交工作重点任务，像 20 世纪 50 年代帮助钱学森等海外科学家回国效力那样，加大外交斗争和斡旋力度，排除政治政策障碍，拓宽引进我国急需世界级科学家和高水平科技人才的渠道，形成科技人才往来方便的交流机制。吸引和帮助更多国际高端、优秀科技人才来华工作、交流合作，畅通建设世界科学中心、聚天下英才而用之的国际通道。

（3）用好相关政策组合拳，打造一批与国际接轨的世界人才创新平台。调整优化我国科技人才引进、培养计划，完善科学公正的引进人才评价体系。将各相关计划、政策向国家实验室、“双一流”大学倾斜，推进国家科研基地扩大管理自主权、优化学术环境先行改革，形成与国际科研机构接轨的重要接纳平台。牵头设立“国际跨界创新计划”，牵头设立国际科技组织，组建全球民间科技创新合作交流网络。在遵守所在国法律的条件下，利用我国社会资金加大对海外科技人才自选研究开发项目的资助，以优惠政策吸引相关科技成果到中国转化，改进完善“海外科技人才离岸创新创业”等柔性引进机制，发挥海外华人科学家的桥梁纽带作用，扩大与国外科学家的民间多种形式合作交流。支持鼓励新科技组织发挥在引进、凝聚海外优秀科技人才上的独特优势和积极作用，鼓励海外科技人才来华牵头或参与创办科技企业、科研组织。

（4）加大推进建设我国科学家主导或参与的国际科技组织力度。进一步鼓励支持我国科学家在国际科技组织担任重要职务，从政策、资金等方面提供参与国际组织活动、国际学术会议等科技交流往来方便的支持。抓住科技变革、新兴学科兴起机遇，大力推进在华建立国际科技组织，并提供场所、经费等方面的支持。鼓励、吸引更多国际学术会议在华召开。支持以我国科学家为主创办国际知名科学期刊。加强与世界知名科技奖励组织联系、交流合作，推进我国的社会组织科技奖项成为知名国际大奖，大幅提高我国科学家在国际大奖中的占比，提升我国科学家国际知名度和影响力。

实践证明，形成世界科技和人才中心，首先要营造国际一流的人才发展生态环境。创新活动的随意性、或然性较强，需要科技人才静心做学问，如痴如醉地搞研究，不畏艰难和挫折进行探索、试错，因此科技创新和人才发展生态环境至关重要。培养使用引进人才，关键还是靠良好生态环境；提高整体自主创新能力，更需加强人才间的合作交流、发挥好团队的效能，更要靠良好生态环境；强化学科间跨界融合、加强创新链自身融合、强化与产业链融合，发挥人才引领、创新驱动发展的最大效能，离不开良好生态环境。改革体制机制，要通过优化人才发展生态环境激发调动人才的创新积极性、能动性。行政指令不是人才管理的主要手段，不可取代创新和人才发展生态环境，行政化、“官本位”对人才发展祸害很深，必须痛下决心破除。创新和人才发展生态环境需要在不断深化改革中完善、提升，习近平总书记强调的“给用人主体放权、给人才松绑、改革人才评价体系”的重点改革任务，抓住了营造创新和人才发展生态环境优化的要害。相信定能凝聚全社会共识，齐心协力推动创新和人才发展生态环境的优化，随着良好生态环境的不断优化，我国丰富人才资源中隐藏的强大创新创造能量将蓬勃迸发，自立自强的中国科技创新必将形成新的发展热潮，为实现中华民族伟大复兴提供强有力的动力和支撑保障。

后记：人才活，则中国强

通过深入系统地学习习近平总书记关于深入实施新时代人才强国战略的论述，辅以博览群书，结合自己多年工作实践和体会，对新时代人才特别是科技人才的思考随之加深。

人才强则中国强，大家对此有普遍共识。但人才活才能强，而人才活需要环境好，即研究环境和人才发展环境宽松优良。科学研究不同于一般的劳动或社会活动，主要特点是探索未知、标新立异，创造新思想、新学说、新方法、新路径，发明新技术、新工艺、新装备。这是一个需要静心精心钻研的事业，但又需要开阔的思路，甚至有时要有天马行空般的畅想，有时又要脚踏实地、求实认真地让设想落地，转换成实用的成果。这是一个试错而求新的事业，需要有敢为人先的胆识和勇气，善于从多个途径摸索，探索多种路径，在试错中独辟蹊径，在失败中寻求成功。这又是一个研究民主、探索自由的事业，尊重个性，张扬特长，在民主讨论、争鸣甚至激烈学术思想的碰撞中激发新思路、迸发新思想火花，在自由探索中取得新发现、寻求新突破、创造新奇迹。而在学术民主自由的浓厚氛围中凝聚共识、聚集智慧、凝结团队的创新合力。这还是一个拼搏奉献的事业，“在科学的道路上没有平坦的大道，只有不畏劳苦沿着陡峭山路攀登的人，才有希望达到光辉的顶点”。往往工作夜以继日、废寝忘食、抱病坚持，时常有人深入边远艰苦地方、身处危险一线和风口浪尖，或以生命代价探险，或甘心寂寞、忍受失败折磨，或隐姓埋名、割舍亲情、吞咽委屈，如蜡烛燃烧自己，让光明照耀人间。这更是一个崇高而伟大的事业，用心血智慧探求真理，为人类文明进步探路开拓，为经济社会发展提供能量动力，为人民幸福健康奉献，为祖国繁荣昌盛贡献才智。无论是得到多么炫目的荣誉或巨大的财富，还是默默无闻隐匿于世，把对事业的挚爱和个人价值的体现，皆视若鸿毛，只有科学的价值实现才是最大的心灵慰藉。

因此，这项事业的特殊性，更依赖于与之适宜的学术和人才发展环境。“有心栽花花不开，无心插柳柳成荫。”很准确地形容了人才成长与环境的关系。环境需要营造心无旁骛、静心搞学问的氛围，能给人才更多的自由，包括自由选题、自由确定研究或技术路径、自由支配时间、自由合作交流等；环境需要保证科研的条件，如先进配套的科研装备设施、相关学科领域的系统配套、高水平的研究团队、民主研讨的学术氛围、团队的合作配合等。从文化氛围来讲，需要形成平等的机制，学术争论平等、机会平等、竞争平等，不论资排辈，不分资历级别高低，大师与青年小字辈一视同仁，服从真理，按学术成就褒奖、论英雄，确保不论年龄、职称、优秀人才脱颖而出；包容的机制，包容个性，宽以待人，鼓励坦诚，宽容犯错甚至失败。

我国的封建历史有2000多年，受其影响，营造有利于创新和人才发展的宽松环境实属不易。历史上，传统“官本位”文化的观念是“扬本抑末”，“本”是指当官用的科考文化（如四书五经等），“末”指技术类，被视为“旁门邪道”，边缘化。中华人民共和国成立后，我们党十分重视知识和人才工作，发布过多次放活人才的政策，但往往放难收紧易。如1961年党中央批准发布的《关于自然科学研究机构当前工作的十四条意见（草案）》，就建设宽松人才发展环境、放活科技人才明确具体政策；1977年邓小平多次强调改进对科技人才的管理；1985年，中共中央作出《关于科学技术体制改革的决定》，对放活科技人才有明确要求，实践中仍有落实不到位的问题。之后中共中央、国务院关于科技工作、人才工作的文件大多强调改革对人才的管理，授予科技人才更多自主权等。60多年来没有从根本上真正解决人才管理管得过多、对学术活动干扰过多的难题。

习近平总书记在这次中央人才工作会议上的讲话，是历史上对改革人才管理体制讲得最透彻、要害抓得最精准、举措最实的一次。“长期以来，一些部门和单位习惯把人才管住，许多政策措施还是着眼于管，而在服务、支持、激励等方面措施不多、方法不灵。”问题讲得最透彻、符合实际；人才管理体制改革最核心的任务是“积极给人才松绑”“向人才主体授权、完善人才评价体系”，这两项改革任务，其实也是围绕给人才松绑。最为务实可操作的举措，包括“不能简单套用行政管理的办法对待科研工作，不能像管行政干部那样管科研人才”“要完善人才管理制度，做到人才为本、信任人才、尊重人才、善待人才、包容人才”“要赋予科学家更大技术路线决定权、更大经费支配权、更大资源调度权，放手让他们把才华和能量充分释放出来……让人才静心做学问、搞研究，多出成果、出好成果”。笔者之所以多次引用这些话，是因为这是摸透真实问题后讲的大实话，是管用易操作的妙计，是广大人才的心里话！要遵循人才成长规律和科研规律，进一步破除“官本位”、行政化的传统思维，抓住并直击问题的要害。

行政化是束缚人才创新积极性、恶化人才发展环境的罪魁祸首。因为行政管理和科技人才管理截然不同。从法治讲，行政管理是“法不授权不可为”，这是依法行政的要求，对企事业单位的科技人才而言是“法不禁止即可为”，依法保护他们从事科研开发创新的合法权利。行政化把政府管理模式无限扩大到科研主体，实质是加上多种藩篱、约束，把服务变成了管住，把手伸长去管，扩大权力边界乱管，严重违背了人才成长规律和科研规律。这使我想起了小说《西游记》，孙悟空可谓神通广大，本领超群，七十二般变化，上天入地，大闹天宫，可是遇到3种束缚则无能为力。一是“紧箍咒”，他一切事情都要对师傅言听计从，否则，唐僧一念“紧箍咒”他就头痛难忍，只能服服帖帖；二是“捆仙绳”，一旦被捆着这个无影绳索，越挣扎束缚越紧，动弹不得，只能就范；三是“五指山”，得罪了如来佛祖，被佛祖用法力压在五指山下。行政化就如同这些魔力、魔法，看似隐匿无形，却冠冕堂皇地束缚了人才的才智发挥。不打碎、破除，人才创新的激情、能动性、积极性就根本无法释放出来，也将贻误建设科技和人才强国乃至民族伟大复兴大业！

值得警惕的是，借贯彻落实习近平总书记重要指示精神、深入实施新时代人才强国战略之机，有的以关心落实为名，插手用人主体事务更多，种种检查评估更频繁，所谓座谈、访谈干扰科技人才业务活动更严重，事与愿违，背道而驰。

放活人才不易，但排除万难也要放活，要以咬定青山不放松的韧劲和毅力把人才发展体制改革进行到底，把人才强国战略落地见效，把创新和人才发展环境优化得更加适宜激励人才的才智发挥。真正把广大人才的创新激情和才华智慧充分释放出来，汇聚成建设科技和人才强国的磅礴力量。

参考文献

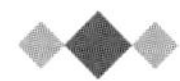

[1]《求是》杂志 . 习近平：深入实施新时代人才强国战略 加快建设世界重要人才中心和创新高地 [EB/OL]. (2021-12-15) [2022-08-30]. http://www.gov.cn/xinwen/2021-12/15/content_5660938.htm.

[2] 中共中央文献研究室 . 习近平关于科技创新论述摘编 [M]. 北京：中央文献出版社，2016.

[3] 中共中央办公厅，国务院办公厅 . 中共中央国务院关于进一步加强人才工作的决定 [EB/OL]. (2003-12-26) [2022-08-30]. http://www.gov.cn/test/2005-07/01/content_11547.htm.

[4] 国务院办公厅 . 国务院关于印发"十三五"国家科技创新规划的通知 [EB/OL]. (2016-08-08) [2022-08-30]. http://www.gov.cn/zhengce/content/2016-08/08/content_5098072.htm.

[5] 中华人民共和国国务院.国家中长期科学和技术发展规划纲要(2006—2020年)[EB/OL].[2022-08-30].http://www.gov.cn/gongbao/content/2006/content_240244.htm.

[6] 中共中央办公厅，国务院办公厅.中共中央 国务院印发《国家创新驱动发展战略纲要》[EB/OL].(2016-05-19)[2022-08-30].http://www.gov.cn/xinwen/2016-05/19/content_5074812.htm.

[7] 中共中央办公厅，国务院办公厅.中共中央办公厅 国务院办公厅印发《国家信息化发展战略纲要》[EB/OL].(2016-07-27)[2022-08-30].http://www.gov.cn/xinwen/2016-07/27/content_5095336.htm.

[8] 国家能源局，科技部.关于印发《“十四五”能源领域科技创新规划》的通知[EB/OL].(2021-11-29)[2022-08-30].http://www.gov.cn/zhengce/zhengceku/2022-04/03/content_5683361.htm.

[9] 胡志坚.世界科学革命的趋势[J].科技中国，2019(12): 1-3.

[10]《参考消息》.潘教峰：中国加速迈向世界创新中心[R/OL].(2017-03-17)[2022-08-30].http://ihl.cankaoxiaoxi.com/2017/0317/1779106.shtml.

[11] 吴国盛.科学的历程(上、下)[M].长沙：湖南科学技术出版社，2018.

[12] 理查德·奥尔森.科学家传记百科全书[M].北京：华夏出版社，1998.

[13] 英国 DK 出版社 . 改变历史的科学家 [M]. 刘伊纯，译 . 北京：科学普及出版社，2021.

[14] 约翰・O.E. 克拉克，迈克尔・阿拉比 . 世界科学史 [M]. 马小茜，张晓博，张海，译 . 哈尔滨：黑龙江科学技术出版社，2009.

[15] 卡罗尔・普塞尔等 . 美国技术简史 [M]. 洪云，罗希，杨念，译 . 北京：中国科学技术出版社，2022.

[16] 约阿希姆・拉德考 . 德国技术简史 [M]. 廖峻，饶以苹，陈莹超，译 . 北京：中国科学技术出版社，2022.

[17] 伊 . 普利戈金 . 从混沌到有序 [M]. 上海：上海译文出版社，1987.

[18] 吴必康 . 世界历史(第6册):现代科技和经济发展 [M]. 南昌：江西人民出版社，2012.

[19] 梁茂信 . 美国人才吸引战略与政策史研究 [M]. 北京：中国社会科学出版社，2015.

[20] 尚勇 . 飞旋的引擎——中国的工业科技 [M]. 长沙：湖南少年儿童出版社，1994.

[21] 尚勇 . 当代创新力 [M]. 北京：中共中央党校出版社，2010.

[22] 尚勇 . 中国信念 [M]. 北京：中共中央党校出版社，2011.

*** 政府文件 ***

《“十四五”国家科技创新规划》，2022

国务院批转教育部《面向 21 世纪教育振兴行动计划》，1999

中共中央《关于科学技术体制改革的决定》，1985

中共中央、国务院《关于加速科学技术进步的决定》，1995

*** 领导讲话 ***

习近平在中国共产党第二十次全国代表大会、全国科技创新大会、两院院士大会、中国科协第九次代表大会、中国科学院第十九次院士大会、中国工程院第十四次院士大会等发表的关于科技和人才工作的一系列重要讲话

*** 专家讲座 ***

周济《以智能制造为主攻方向，加快建设制造强国》，2019

干勇《制造强国三大基础要素—新型信息技术、新材料、技术创新体系》，2019

邬贺铨《5G 赋能工业互联网》，2019

梅宏《工业互联网：若干认识与思考》，2021

曹雪涛《把握生物医药技术发展的战略机遇》，2020

潘建伟《我国量子信息科技的发展现状与展望》，2020

特此强调，此书作为读书心得笔记，书中也许还有个别内容未注明参考文献，特此感谢！